智慧行銷

製造未來

AI、永續與品牌策略如何改變工業品的市場邏輯

Smart marketing

當AI重塑產線，行銷也必須升級為智慧策略中樞

工業品的下一步，不只是製造，而是建立可擴張的價值系統

目 錄

序言：
重新定義工業品行銷的時代責任　　　　　　　　005

第一章
重構價值鏈：工業品行銷的本質與挑戰　　　　　009

第二章
行銷升維：策略制定與環境判讀　　　　　　　　051

第三章
行銷整合術：實現「工業品行銷＋」　　　　　　095

第四章
掌握成交力：信任、服務與人際影響力　　　　　131

◇ 目錄

第五章
品牌工學：形塑工業品品牌的黃金法則　　173

第六章
系統化成交：建立工業品行銷作業流程　　219

第七章
未來布局：工業品行銷的創新與演進　　267

序言：
重新定義工業品行銷的時代責任

◎當工業不只是製造，而是價值鏈的重構

在談行銷之前，我們必須承認一個現實：工業品領域曾長期被誤認為是「無需行銷」的世界。相比消費性品牌強調感性操作、體驗設計與社群影響，工業品似乎只需穩定技術、合理價格與交期準時即可贏得市場青睞。

然而這一套思維正快速過時。工業品企業正面臨三個同時發生的劇烈改變：市場結構的重組、技術系統的融合，以及顧客價值觀的轉變。也因此，工業品行銷不能再只是附屬於業務部門的一份支援文件，它應是企業創新與競爭的前導策略、價值展現的核心力量、永續經營的推動樞紐。

◎為什麼工業品行銷正走向主舞臺？

首先，是 B2B 買方結構的改變。今日的工業品客戶已不再只是工程單位或採購窗口，而是一群多角色共構、數位素養高、對資訊有高掌控欲的專業決策網絡。他們在線上研究、跨平臺比對、依賴案例驗證與專業論壇，並期望品牌提供的不僅是「產品」，而是「問題解決方案」、「業績改善保

◇序言：重新定義工業品行銷的時代責任

證」與「永續承諾證明」。

其次，是行銷工具與技術的根本變化。生成式 AI、行銷自動化（MA）、CRM ＋ CDP 融合架構、智慧感測與預測性分析，這些過往距離 B2B 行銷很遠的科技，如今正在重新定義行銷人員的職能與價值：他們不再只是「寫內容」、「辦活動」，而是「設計資料流」、「解構用戶旅程」、「連接決策節點」。

最後，也是最深遠的，是品牌角色的升級。工業品牌過往講的是耐用、可靠、精密，如今則必須講「你幫客戶完成了什麼」、「你的系統如何創造新的生產邏輯」、「你的技術是否助他減碳、守法、持續盈利」。品牌已不只是標誌與認知，它變成了一種行為、一種立場，更是一種價值的承諾與履行。

◎ **本書的寫作初衷：為產業留下一部「系統性」工業行銷藍圖**

這不是一本純理論導向的行銷書，它更不是一味追逐流行術語的教條集。它的結構設計與內容安排，源自多年來作者參與工業品企業數位轉型、品牌重塑與跨境市場布局的實戰經驗，試圖提供一套能「真正落實」、「可反覆優化」的整合行銷架構。

本書涵蓋十個核心章節，從品牌建構、銷售流程設計、數據應用、內容策略、組織整合、國際行銷到 AI 與 ESG 導

入,全部建立在臺灣與國際企業的真實案例基礎之上。每一章節不只提供方法論,更補充案例拆解與跨部門運作思考。目的不僅是幫助行銷人說服主管,更幫助主管知道該如何改變。

我們不再相信「行銷是最後才來包裝」的說法,而是堅信「行銷是一開始就要參與設計」的前置權。因為你不站在市場起點設計產品,最後就只能低價競爭;你不從第一份報價開始傳遞品牌價值,最後就會被採購部門切成成本選項。

◎寫給誰讀?也許就是你這樣的人

這本書特別推薦給以下幾類讀者:

- 工業品企業的行銷主管、專員,正在規劃數位轉型與內容升級策略;
- B2B品牌經營者,想建立差異化價值與系統性行銷基礎;
- 中小企業負責人,面對價格戰與外部壓力,希望靠品牌與資料創造新成長引擎;
- 業務團隊領導者,希望提升行銷部門對銷售實質貢獻力;
- 行銷代理商與顧問,協助客戶從單一任務升級為全面規劃者。

◇ 序言：重新定義工業品行銷的時代責任

如果你相信「工業品也可以有策略、可以有情感、可以有市場主導力」，這本書會是一套務實且具前瞻視野的行動指南。

◎ **最後的話：工業行銷不再是從眾，而是定義標準**

未來的工業行銷將不只是用來「讓產品賣得更好」，而是成為「讓市場變得不一樣」的力量。這股力量，來自每一位行銷人對於品牌的堅持、對於數據的理解、對於永續的投資，也來自你是否能重新定義「什麼才是工業品企業應該擁有的價值話語權」。

第一章
重構價值鏈：
工業品行銷的本質與挑戰

◇第一章　重構價值鏈：工業品行銷的本質與挑戰

第一節
工業品行銷的定位與演進

起點：從銷售支持走向策略導向

　　過去，許多工業品企業將行銷視為配角，認為行銷不過是業務的延伸或促銷活動的包裝。在臺灣，特別是製造業占主體的背景下，這種觀念尤為根深蒂固。不過，隨著全球供應連結構重組、客戶需求快速轉變、產業數位轉型等因素疊加，工業品行銷已不再只是「把東西賣出去」，而是逐漸轉變為牽動企業價值鏈運作的核心驅動器。

　　行銷在企業中的角色正從「支援單位」蛻變為「策略中樞」。根據《哈佛商業評論》(*Harvard Business Review*, 2018) 對於 B2B 企業的調查指出，那些將行銷視為關鍵決策參與部門的企業，其年度營收成長幅度平均高出同業 12%。由此可見，定位正確的工業品行銷將是企業競爭力強化的重要關鍵。

發展：行銷思維的三階段演化

1. 功能導向階段（Functional Era）

在此階段，工業品行銷主要聚焦於產品功能與技術規格的溝通，典型特徵為以業務工程師為主體，由技術帶銷售，強調「我們的產品有多好」。

2. 解決方案導向階段（Solution-driven Era）

進入 2000 年後，隨著產業競爭加劇與客製化需求上升，行銷逐漸轉型為顧問型角色，協助客戶解決問題。工業品企業如施耐德電機、研華科技等，陸續導入「解決方案行銷」體系，透過整合硬體、軟體與服務，創造更高附加價值。

3. 價值共創導向階段（Value Co-creation Era）

在 AI 與 IoT 興起後，客戶期待的不再只是功能或服務，而是參與產品開發、使用體驗與後續優化的整體價值過程。行銷必須成為跨部門合作的橋梁，與研發、營運、客服等部門共同形塑價值交付鏈。

◇ 第一章　重構價值鏈：工業品行銷的本質與挑戰

工業品行銷的價值重構

工業品行銷並不只是比誰的產品更先進，而是比誰更懂客戶的「使用情境」與「營運邏輯」。以臺灣知名工具機品牌友嘉實業為例，其針對歐洲中小型精密工廠，發展出模組化加工中心，並結合遠端診斷系統與預測性維修方案，不僅提升客戶產能，也減少維修成本。這種「以價值導向」取代「以價格競爭」的轉型，正是工業品行銷重構的關鍵。

此外，台達電則展現另一種模式。原為電源供應器起家的台達，過去主要依賴代工出貨，但自 2010 年後即積極發展自有品牌與解決方案行銷。在建築自動化、資料中心與電動車等領域，台達強調綠色節能與整合服務，使其成功轉型為全球性的系統供應商。根據台達 2022 年年報，品牌事業營收占比首度超越代工部門，這正是行銷角色升級的具體證明。

小結：不再邊緣，行銷是決勝核心

回顧工業品行銷的歷程，從功能、解決方案到價值共創的演進顯示：行銷已經不再是邊緣角色，而是策略與執行的中樞。尤其對於臺灣出口導向與技術導向的產業而言，工業品行銷不僅需理解技術，更需理解「市場如何運作」、「客戶

如何決策」、「企業如何跨部門合作」，才能真正讓好產品變成被信任、被採用的好品牌。

◇ 第一章　重構價值鏈：工業品行銷的本質與挑戰

第二節
工業品與消費品行銷的根本差異

不同的市場邏輯：需求來源與購買決策結構

　　工業品行銷與消費品行銷的最大差異，在於其面對的「買方」性質完全不同。消費品行銷通常面對的是個人或家庭，需求多由情感、品牌印象與個人偏好驅動；而工業品面對的則是企業或組織，需求具高度理性且多數來自生產或營運目的。

　　在工業品交易中，購買決策往往不是單一人員拍板，而是牽涉到包括採購、技術、財務、管理等部門的多層次審查與共識機制。這樣的決策鏈不僅冗長，也讓行銷人員在傳遞訊息與價值主張上需更具邏輯性與專業度。

不同的產品特性：客製化程度與壽命週期

　　消費品大多屬於標準化、高頻次、低單價的商品，其核心在於品牌力、通路效率與消費者體驗；而工業品則具有高技術門檻、高客製化程度、使用週期長與維護需求大的特性。

舉例來說，臺灣上銀科技所生產的滾珠螺桿與線性滑軌，必須依據客戶的機械結構設計進行精密客製，不僅技術需高度配合，還牽涉長期維保與升級合作。這類行銷行為遠非促銷手法可應對，而需強調整合方案與長期服務價值。

不同的銷售週期與信任成本

工業品的銷售週期平均長達數月至數年，從初次接觸、需求釐清、方案設計、技術評估、樣品試產、驗收流程到簽約出貨，每一步驟都需精準管理。而且客戶對「風險成本」極為敏感，因此在決策時對品牌信任與業務專業度的要求遠高於消費品。

根據 Bain & Company（2021）對全球 B2B 企業採購流程研究顯示，約有 71％的工業品採購人員在首次會談後需至少 6 週以上進行內部評估才會再次聯絡供應商。這也意味著，工業品行銷在第一步就要展現價值、建立信任，才能取得長期溝通門票。

不同的通路與行銷工具

消費品依賴快速流通與通路鋪設，行銷方式偏重於大眾媒體、社群媒體與網紅合作。而工業品則高度依賴關係行

◇第一章　重構價值鏈：工業品行銷的本質與挑戰

銷、展覽參與、技術白皮書、研討會、客製簡報與技術顧問。

以臺灣的工控領導廠商研華科技為例，其國際行銷重點之一便是「共創夥伴大會」（Co-Creation Partner Conference），透過與客戶與代理商的深度交流平臺，共同制定智慧城市與工業 4.0 的應用方案。這類活動既是推廣工具，也是客戶教育與信任深化的場域。

小結：不同方法，殊途同歸

總結來說，工業品與消費品行銷在目標客群、產品特性、銷售流程與行銷工具等層面上皆有根本性差異。前者強調關係、解決方案與價值導向，後者則偏重感性訴求與品牌體驗。

工業品行銷的挑戰不在於模仿消費品行銷，而是在於發展出「屬於企業客戶邏輯」的行銷體系與工具。唯有如此，才能在高複雜性、高風險性的市場環境中，持續創造價值、建立信任並贏得長期合作。

第三節
從銷售導向走向價值導向

傳統銷售導向的局限

工業品行銷長期以來多以銷售驅動為主體，即所謂的「產品導向」與「業務推進」模式。這種模式下，企業專注於將已有的產品或技術透過業務人員推向市場，期望透過價格、關係或技術優勢來爭取訂單。然而，這種以「推」為主的策略，在高度競爭、資訊對稱與需求多樣化的新市場環境中，逐漸顯露出效能瓶頸。

根據麥肯錫顧問公司（McKinsey, 2020）對亞洲工業製造業的研究指出，超過 62% 的 B2B 買家更傾向於與能提供具體解決方案、了解其產業痛點的供應商合作，而非僅僅提供產品規格與價格的廠商。這意味著「價值」已超越「功能」，成為工業品行銷的核心競爭軸。

◇ 第一章　重構價值鏈：工業品行銷的本質與挑戰

價值導向的本質：從解決問題到共創未來

價值導向（Value-Oriented Marketing）不只是換一種行銷話術，更是行銷策略、組織思維與業務操作模式的全面升級。它的核心在於：以「客戶最終想要解決的問題」為出發點，重新定義企業的產品、服務、流程與溝通方式。

這種思維強調三個層次的價值建構：

◆ 功能性價值：產品或服務是否達成基本預期功能，如穩定性、準確性、效率等；
◆ 經濟性價值：能否幫助客戶降低營運成本、提升產能或加快上市時間；
◆ 策略性價值：是否有助於客戶達成中長期目標，如數位轉型、品牌升級或永續經營。

當行銷策略能夠覆蓋上述三層次，企業不僅是在「賣東西」，而是在「助人成功」，這將大幅提升客戶黏著度與長期合作意願。

臺灣實例：
由銷售導向轉向價值主張的成功範例

以臺灣的工業電腦大廠研華科技（Advantech）為例，早年主要以販售硬體主機板為主，典型的銷售導向模式。隨著競爭加劇與產品毛利下滑，研華於 2015 年後轉向「解決方案導向」，推出 WISE-PaaS 工業物聯網平臺，整合感測器、網路、雲端與 AI 技術，協助客戶建構智慧製造與智慧城市應用架構。

這個策略不僅改變了產品組合與行銷邏輯，也提升了研華的客戶價值主張，使其由硬體供應商升級為系統方案夥伴。根據 2022 年財報顯示，研華解決方案相關營收成長率超過 30%，顯示價值導向帶來的轉型效益顯著。

另一個例子是上銀科技（HIWIN），從單純銷售滾珠螺桿與滑軌，發展出以「智慧工廠自動化方案」為核心的行銷體系，進一步提供智慧機械、機器人模組與智慧檢測服務。這種由產品銷售升級為價值服務的過程，也讓上銀在德國、日本等高端市場成功建立品牌信任。

◇ 第一章　重構價值鏈：工業品行銷的本質與挑戰

價值導向對組織的挑戰與重構

從銷售導向轉向價值導向，並非只是行銷部門的責任，而是整個企業文化、流程與組織架構的再設計。以下三個挑戰常見於轉型過程中：

- 部門壁壘與溝通斷層：價值導向需要研發、業務、客服與行銷的高度整合，許多企業仍存在部門各自為政的情況；
- 缺乏價值模型與量化工具：無法清楚說明或衡量行銷價值，導致決策端不願投入資源；
- 業務文化保守：過往仰賴個人關係與成交經驗的業務文化，難以轉向價值型銷售模式。

面對這些挑戰，企業需導入以「顧客成功」為導向的 KPI 設計、內部流程整合平臺（如 CRM、PLM、KMS）以及跨部門共創文化，才能真正支撐價值行銷策略的落實。

小結：價值導向是工業品行銷的必經之路

隨著市場競爭進一步加劇、產品同質化趨勢明顯，單純的銷售導向不再足以支持工業品企業的永續成長。唯有導入以顧客成功為核心、跨部門合作為手段、價值傳遞為目標的

價值導向行銷模式,企業才能在未來的工業市場中,從價格戰轉向信任戰,從交易關係升級為策略夥伴。

◇ 第一章　重構價值鏈：工業品行銷的本質與挑戰

第四節
微笑曲線下的工業品價值重塑

微笑曲線的原理與起源

微笑曲線（Smile Curve）由臺灣宏碁集團創辦人施振榮於1992年提出，其核心概念是：在一個產品價值鏈中，附加價值最高的兩端分別是研發設計與品牌行銷，而中間的製造加工環節附加價值最低，呈現出一個像微笑曲線般的 U 字型。

這一理論最初用於解釋資訊產業的獲利結構差異，但後來被廣泛應用於製造業與工業品產業，說明企業應避免落入「只做代工」的陷阱，而應強化兩端的策略能力，以提升整體獲利能力。

工業品中的微笑曲線應用

在工業品產業中，微笑曲線的左端是技術研發與應用工程設計，右端是品牌建構、顧客關係與解決方案提供，而中間則是大規模生產、零組件供應與基本加工。

以臺灣自動化設備業者為例，若僅止於機械零件的生

產，則面臨激烈價格競爭；但若能透過掌握產線設計、控制系統、軟體整合與後端維護，即可進入價值曲線兩端，提升利潤空間與客戶黏著度。

案例一：台達電如何上移微笑曲線右端

台達電過去以電源供應器為主要產品，在高度競爭與價格下壓的環境中獲利受限。自 2010 年起，台達積極往品牌與整合服務轉型，進軍智慧建築、資料中心與能源管理領域。

透過提供「總體解決方案」而非單一元件，台達將自身從中間製造區塊提升至品牌與系統整合端，並強化「綠色節能」的品牌形象。根據其 2023 年財報顯示，系統方案相關營收占比首次超過傳統零組件，顯示微笑曲線右端價值實現成效卓著。

案例二：研華科技加強左端研發設計連結

研華科技除了強化品牌與服務，也大量投資工業物聯網（IIoT）平臺 WISE-PaaS 的研發，並與全球上百家 SI（系統整合商）共創方案，深化技術應用場景的開發。

這種深化左端（研發設計）的策略，讓研華能在智慧工

◇ 第一章　重構價值鏈：工業品行銷的本質與挑戰

廠、智慧交通、醫療自動化等高技術門檻領域建立差異化優勢，不僅擴大市場應用，也讓毛利率從硬體時代的 30% 提升至方案時代的 40% 以上。

微笑曲線下的組織再設計

企業若要成功攀升微笑曲線兩端，需具備幾項核心能力與組織條件：

- 價值鏈辨識能力：明確區分自身在客戶價值鏈中的角色，並找出可被放大的價值節點；
- 跨部門合作文化：設計需結合銷售，品牌需結合工程，不能再以部門分工思維經營；
- 長期投資與耐性：品牌經營與研發開發皆需 3 年以上養成期，需高階管理層願意支持且持續投入。

此外，企業應透過顧客洞見（Customer Insight）機制，持續理解客戶痛點與價值認知，作為微笑曲線兩端行動的優先方向依據。

小結:從加工代工轉向價值創造者

微笑曲線提醒我們:單靠規模與效率的時代已過,唯有向兩端延伸,從設計到品牌、從技術到服務,才能真正擺脫低附加價值的壓力,進入長期高獲利的穩定成長軌道。

對臺灣工業品企業而言,這不僅是策略升級的選擇,更是競爭永續的必要之路。

◇ 第一章　重構價值鏈：工業品行銷的本質與挑戰

第五節
從「推」到「拉」：行銷重點轉移

銷售推式時代的背景與特性

在過去的工業品行銷操作中，主流模式是所謂的「推式」（Push Strategy）策略。也就是企業透過業務人員主動出擊，推廣自家產品，尋找潛在客戶，強調產品優勢並促使對方下單。這一模式在資訊不對稱、客戶選擇有限的時代確實行之有效，尤其適用於標準化程度高、產品生命週期長的工業設備與零件。

臺灣許多中小型工具機、螺絲扣件、自動化模組企業長期依賴這類「走訪型銷售」，仰賴業務人脈與展覽參展開發新客戶。然而，隨著數位技術普及、客戶對資訊掌握更為完整，單純的推式銷售正逐步失去其效果與效率。

客戶主導時代的來臨與「拉式」崛起

「拉式」（Pull Strategy）行銷則代表一種客戶主導的行銷策略，其關鍵在於：企業打造具吸引力的品牌、內容與價值主張，讓客戶主動上門尋求合作，而非等待推銷。這種模式

背後的邏輯是,當市場選擇多、資訊對稱、客戶需求複雜化,真正有能力解決問題的企業會自然被看見。

以研華科技的行銷策略為例,其「共創夥伴大會」不再是單純的產品展示,而是藉由實例分享、技術交流與趨勢引導,讓客戶主動發問、參與與洽談,達成高度轉換率。這正是拉式行銷的具體展現。

從推轉拉的實務挑戰

雖然「拉」在理論上聽來優美,但許多企業實際轉型卻面臨三大挑戰:

- 缺乏品牌能見度:若企業在市場中尚未建立信任與聲譽,即便有內容與平臺,也無法吸引流量;
- 內容資源稀缺:工業品技術複雜,行銷團隊不熟技術,導致內容無法打中痛點;
- 組織仍以銷售導向設計:KPI 仍為簽約數與拜訪數,而非內容觸及率與潛在需求活化。

要從推轉拉,關鍵是重新設計顧客接觸點與價值產生機制。以 CRM 為中樞,整合數位足跡、網站互動與客戶詢問行為,可判別哪些內容、哪類服務最吸引目標族群,再進一步設計行銷漏斗與轉換流程。

案例分析：台達電的內容驅動策略

台達電透過其「智慧綠色生活」品牌平臺，建置完整的數位內容生態系，包括綠建築應用、節能解決方案案例、技術白皮書與企業社會責任報告。這些內容不僅支援 SEO 曝光，也提供業務人員轉發與說明使用，形成由內容驅動的「行銷拉力」。

透過數位行銷與品牌整合，台達成功吸引全球大型建設業者與資料中心業者主動詢問合作方案，並有效降低了新客戶開發成本。這證明，在價值為王的時代，行銷若能主動產出價值內容，就有機會「被選擇」而非「去推銷」。

小結：從主動推到被動拉的本質轉變

從「推」到「拉」不只是策略名稱的變換，而是一種市場觀念的根本改變。它要求企業具備更強的內容策劃力、品牌經營力與數位整合力，也要求組織放下「速戰速決」的銷售文化，轉向建立信任、持續溝通與價值共感的長期關係。

對臺灣工業品企業而言，「拉式行銷」不再是選擇題，而是面對市場變局、品牌國際化與價值升級的必然趨勢。

第六節
市場信任的建立與養成

信任為本的工業品交易邏輯

在工業品行銷中,「信任」往往比價格與技術更具決定性。相較於消費性產品,工業品涉及複雜的技術審查、長期維運與多部門決策,因此一旦發生問題,客戶所承擔的風險與損失將遠高於一般交易。這使得客戶在選擇供應商時,更看重的是其可信度、穩定性與應變能力。

哈佛商學院教授梅斯特(David Maister)於其著作 *The Trusted Advisor* 中提出「信任方程式」,將信任建立視為專業能力、誠信、親密感的加總,再除以自我中心程度。這一模型也可應用於工業品市場,說明為何技術實力高卻無法贏得客戶的企業,常常是因為「溝通缺乏信任基礎」。

工業品行銷的信任三層架構

(1) 制度層級信任:指企業是否具備品質管理體系、國際認證、可追溯性資料,例如 ISO 9001、CE、RoHS 等,這是客戶建立信任的第一道門檻;

(2) 組織層級信任：企業是否有穩定的財務狀況、專案履歷、在地服務能力等，關係到客戶是否願意承擔長期合作風險；
(3) 人際層級信任：來自業務人員的專業表現、態度誠信與回應效率，這是客戶每日接觸最直接的信任來源。

缺一不可，三者缺任一層都可能讓交易機會喪失。

臺灣案例：精密機械企業如何建立信任護城河

以臺灣精密傳動元件領域的知名企業上銀科技（HIWIN）為例，其客戶橫跨歐洲、日本及美國的自動化設備與醫療機械領域。為建立信任，上銀取得包括 ISO 9001、ISO 13485 及 IATF 16949 等多項品質管理國際認證，並導入 SAP ERP 與 MES 系統，提升生產透明度與可追溯性。

此外，上銀在德國設有歐洲總部暨技術服務據點，提供當地即時維修、技術諮詢與倉儲支援。其銷售與客服人員多具備工程背景，能與客戶共同解決應用問題，進一步強化合作信任。根據公開財報與市場研究，上銀來自既有客戶的訂單續約率持續維持高檔，並透過長年累積的口碑拓展全球市場。

如何系統性經營信任資產

信任並非天生具備,而是可透過制度性工具與行銷行為養成。以下為常見四項信任養成工具:

◆ 案例白皮書(Case Study Whitepaper):具體呈現成功案例與解決歷程,提升潛在客戶初步信賴;
◆ 技術論壇與公開演講:建立專業權威形象,提升品牌認知與技術深度印象;
◆ 客戶推薦信與口碑影片:讓既有客戶為品牌背書,比自說自話更具說服力;
◆ 即時回應系統與後續追蹤:縮短服務時間差,顯示企業處理問題的積極態度與責任感。

除了對外經營,內部也需有信任 KPI,例如專案回覆時間、客訴處理時效、客戶滿意度調查結果等,以制度化方式深化信任感。

小結:信任是轉單的核心,不是附加條件

在價格可比、技術接近的情況下,信任是決勝關鍵,尤其在工業品領域。它影響的不只是成交率,更關係到客戶是

◇第一章　重構價值鏈：工業品行銷的本質與挑戰

否願意與企業共享資料、提前溝通需求甚至共同研發。唯有建立穩固且可持續的信任架構，企業才能真正從一次交易邁向長期合作，進而在激烈的工業品市場中穩健成長。

第七節
工業品行銷的倫理挑戰與轉型

工業品市場的灰色地帶：倫理風險的根源

工業品行銷過去在某些領域常陷於倫理灰色地帶，特別是高單價、長期供應合約或採購決策集中於少數人的情境下。例如「回扣文化」、「資訊不對稱交易」、「過度承諾不實交付」等現象時有所聞，這些做法可能在短期內有利於成交，卻往往種下品牌信任危機與法律風險。

根據臺灣公平交易委員會與會計研究月刊調查指出，約有 26% 的 B2B 採購決策者曾遭遇「非正式利益要求」，而約有 42% 的企業認為「過度承諾以取得合約」是工業品銷售常見做法。這些數據反映出，倫理挑戰並非個案，而是一種結構性問題，企業必須正面應對。

常見倫理挑戰類型與其代價

(1) 回扣與佣金不透明：業務為爭取訂單，向採購端提供未明文揭露的回饋，破壞公平交易原則，可能觸犯反貪法規；

(2) 過度承諾交期與效能：為爭取客戶，業務過度樂觀預估交期、技術效能，導致後續履約落差與信任破產；
(3) 資訊隱瞞與技術誤導：刻意不揭露關鍵風險或對規格不具備條件者未據實說明，導致後端維修成本與糾紛升高；
(4) 夥伴選擇的道德風險：選擇與有負評紀錄、低價搶單但交貨不穩的代理商合作，損及整體品牌形象。

這些挑戰不僅會損害企業聲譽，還可能導致法律訴訟、長期客戶流失與內部士氣低落。

案例反思：如何從負面轉為正面治理

以台達電（Delta Electronics）為例，該公司在拓展亞洲與歐洲市場初期，曾因代理商不當操作導致某些市場的品牌信任度受損，為此台達電在 2015 年後啟動內部治理改革，導入第三方稽核制度與採購廉政規範，並推動全球各區域業務單位簽署「誠信經營承諾」。

同時，該公司整合 ERP 與 CRM 系統，強化從業務接觸到售後追蹤的數位透明流程。此系列改革不僅提升企業治理等級，也讓客戶滿意度指標於 2021 年後顯著上升，根據台達年報披露，主要客戶合約續簽率於 2022 年成長約 28%。

第七節　工業品行銷的倫理挑戰與轉型

該案例說明，誠信制度建構能夠逐步取代關係行銷，轉為市場信任的基石。

如何制度化誠信行銷文化

(1) 明文化企業價值觀：將「誠信」、「透明」、「可追溯」列為核心價值，內化於企業願景與員工行為準則；
(2) 推動內部倫理訓練：針對業務與技術團隊設計情境模擬課程，訓練辨識與回應倫理困境能力；
(3) 建立檢舉與通報管道：設立匿名舉報系統與獨立稽核機制，讓員工與客戶能安全回報不當行為；
(4) 對外公開紀律原則：在公司網站、提案簡報與合約中揭示誠信政策，強化市場信任基礎。

此外，可透過第三方認證（如 BSI 的誠信經營管理系統 ISO 37001）來強化外部信賴感，逐步建立「不靠關係、不給回扣也能贏」的市場定位。

小結：從灰色操作邁向信任經營的轉型

在日益透明與法規嚴格的國際市場中，誠信不再只是美德，更是競爭的下限。尤其在工業品市場中，長期合作、技術轉移與客戶資料高度敏感的特性，使得倫理風險影響甚鉅。

◇第一章　重構價值鏈：工業品行銷的本質與挑戰

　　唯有將倫理挑戰視為行銷治理的一環，透過制度建構與文化養成，企業才能在全球化市場中建立不易被複製的信任護城河，邁向永續成長之路。

第八節
行銷在企業價值鏈中的核心地位

從輔助單位走向價值驅動者

在傳統製造業思維中,行銷常被視為輔助性支援部門,其職責往往限縮於編製型錄、規劃展覽與配合業務。然而,面對快速變動的市場環境與客戶需求,工業品企業逐漸意識到,若行銷無法參與策略規劃與價值定義,將難以因應未來的競爭挑戰。

麥肯錫顧問公司在 2022 年發表的研究指出,那些讓行銷部門參與產品策略與客戶創新設計的企業,平均可提升營收 8%～15%,且客戶留存率明顯優於同業。這說明行銷不再只是促進銷售的角色,而是企業價值鏈的驅動者與整合者。

價值鏈中的行銷觸點與責任重構

依據麥可‧波特(Michael E. Porter)提出的價值鏈理論,企業活動可區分為主要活動(如研發、生產、物流、銷售與服務)與支援活動(如人資、技術發展、採購)。行銷正橫跨

◇ 第一章　重構價值鏈：工業品行銷的本質與挑戰

其中多個環節，尤其在工業品領域，從需求發掘、價值建構到客戶關係管理，每一步都是行銷導向的實踐場域。

以下是工業品行銷在價值鏈中的核心貢獻：

- 研發前端的市場導入分析：協助產品設計團隊了解市場痛點與需求趨勢，導入 VOC（Voice of Customer）工具讓研發方向貼近應用場景；
- 製造端的差異化價值說明：透過行銷傳達產品設計理念與性能優勢，轉化技術語言為客戶可理解的溝通語彙；
- 銷售端的策略輔助角色：提供競品分析、定價策略與差異化定位協助業務精準鎖定目標客群；
- 售後服務的品牌深化功能：負責顧客教育、技術手冊、知識庫建構與使用者社群經營，提升顧客終身價值。

這些觸點的串連使得行銷不再只是階段任務，而是串連各部門、橋接企業與市場之間的策略樞紐。

案例分析：研華科技的行銷中心轉型計畫

研華科技（Advantech）近年積極推動市場導向轉型，其官方報告與媒體訪談指出，該公司整合品牌、公關、數位內容與業務支援資源，強化跨部門合作，並針對垂直應用領域

(如智慧交通、工業4.0、自動化醫療)進行內容模組化建置。

在行銷策略上，研華採用Account-Based Marketing (ABM)與內容行銷並進策略，藉由白皮書、網路研討會與互動簡報工具，強化商機轉化流程。根據2022年《工商時報》報導與其年報揭露資料，這些策略推行後，潛在商機活化率明顯提升，行銷部門也被納入產品規劃與決策流程，實質扮演策略支援角色。

工業品企業的行銷組織再設計建議

若要讓行銷成為企業價值鏈的驅動力量，組織需進行以下調整：

- 建立以價值為導向的KPI體系：除曝光數、點擊率外，納入內容轉換率、潛在商機孵化時間、顧客旅程完成度等實質績效指標；
- 跨部門行銷任務小組制度化：以產品線為單位組成專案型行銷團隊，具備專案管理與策略輸入功能；
- 行銷與營運並列匯報線：將行銷主管納入高階管理會議體系，提升策略影響力；
- 導入數位工具平臺協作：CRM、MA（行銷自動化）、ABM（關鍵客戶行銷）平臺成為日常合作核心。

◇第一章 重構價值鏈：工業品行銷的本質與挑戰

　　這些做法可幫助企業從結構上讓行銷不再邊緣，而是走向主動影響價值創造的核心舞臺。

小結：讓行銷回到企業策略的核心

　　工業品行銷的價值，不應止步於「讓產品被看見」，而是進一步引導企業決策、構築品牌信任與促進價值實現。在價值鏈中，行銷應是從市場帶回回饋、驅動研發創新、輔助銷售布局、深化服務品質的樞紐角色。

　　行銷走進價值鏈，意味著企業願意傾聽市場、回應變化並擁抱合作。這將是未來工業品企業邁向國際化、數位化與價值化的必經之路。

第九節
工業品企業的組織行銷思維改革

從「行銷部門」到「行銷文化」的升級

在工業品企業中，行銷往往長期被定位為業務輔助部門，但在全球供應鏈轉型與數位化衝擊下，這種線性思維已無法應對跨部門、跨區域合作的挑戰。真正能建立永續競爭優勢的工業品企業，往往不只是成立行銷部門，而是讓「行銷思維」滲透組織每一個單位、每一個流程，轉化為文化與制度。

根據麻省理工學院（MIT Sloan）2023 年的研究，若企業能將行銷價值觀納入技術研發、業務策略、客服支援與供應管理中，能有效提升創新成果商業化成功率超過 40％。這顯示出「行銷不只是行銷人的事」，而是整體組織邏輯與思維的根本升級。

工業品企業常見的行銷組織斷層現象

(1) 研發與市場脫節：技術導向的研發缺乏來自行銷的市場導引與情境應用驗證，導致產品與需求錯位；

◇ 第一章　重構價值鏈：工業品行銷的本質與挑戰

(2) 銷售短期導向強化：只以每月業績為行銷成效指標，導致缺乏品牌累積與中長期商機孵化視角；
(3) 數位部門與業務割裂：網站、社群或內容行銷團隊無法與一線業務同步資訊，缺乏顧客旅程整合策略；
(4) 人資與文化無法支持創新：缺乏對行銷職能的理解與職涯設計，使行銷人難以在企業中持續發展。

這些斷層若未整合，將導致行銷資源碎片化、內部矛盾加劇、轉型推不動。

案例分析：上銀科技的行銷文化整合路徑

上銀科技（HIWIN）近年來積極推動智慧製造與品牌國際化雙軌並行的策略。根據公開資料與產業報導，其在品牌建構與內部行銷組織整合方面採取多項做法：

◆ 與研發團隊密切合作進行應用場景設計，使產品開發更貼近客戶需求；
◆ 在企業官網與年度永續報告中強調顧客體驗與技術服務，展現對使用者價值的高度重視；
◆ 推動品牌中心與客服部門的橫向整合，並在海外市場成立在地服務據點以強化客戶關係管理。

第九節　工業品企業的組織行銷思維改革

根據《經濟日報》2023 年與《工商時報》等新聞來源，上銀在歐洲市場的品牌能見度提升顯著，並與德國與瑞士多家智慧自動化企業建立策略合作關係，顯示其行銷思維已轉化為整體競爭力的重要支柱。

工業品企業推動行銷文化改革的三大步驟

1. 由高層倡議、制度化投入

董事長或總經理需明確表態，將行銷列為企業核心能力建設之一，納入中長期發展藍圖與資源預算。

2. 建立跨職能教育機制

透過工作坊、內部導師制度與跨部門專案，讓非行銷部門也能理解品牌、價值與客戶洞察。

3. 導入共創績效制度（Collaborative KPI）

行銷人員的績效指標應與其他部門如研發、業務、客服共同設定，並以專案成果為衡量單位，強化橫向合作意識。

若能讓行銷思維成為組織默會知識的一部分，將能提升整體敏捷度、創新動能與顧客回應力。

小結：行銷是企業整合能力的映照

在知識密集與市場碎片化的新時代，行銷不只是傳播與促銷，更是企業協作、感知與轉化能力的總和。當工業品企業願意從部門思維升級為文化邏輯，真正讓每一位成員都具備市場意識與價值導向，就能從技術驅動走向價值驅動，進而贏得全球客戶的認同與長期合作。

第十節
案例總結：
西門子的 B2B 信任品牌打造策略

為何西門子能在全球 B2B 市場中取得長期信任？

在工業品領域，若要探討如何運用行銷打造可持續的 B2B 信任品牌，西門子（Siemens）無疑是全球最具參考價值的典範之一。這家源自德國、擁有逾 170 年歷史的工業技術公司，之所以能長年維持全球市占率與品牌信賴度，不僅來自其技術穩定性，更來自其對於品牌經營、行銷制度與在地化策略的持續深化。

西門子始終堅持「科技創造價值、信任累積品牌」的邏輯，將行銷視為企業價值鏈的一環，而非附屬工具。其能在全球超過 60 個國家建立深厚的 B2B 關係，來自於一套經年累月精緻打磨的策略體系。

◇ 第一章　重構價值鏈：工業品行銷的本質與挑戰

系統化行銷策略的五大核心構面

1. 價值主張一貫化（Consistent Value Proposition）

西門子在全球所有溝通平臺上都強調「Ingenuity for Life」作為核心品牌主張。這不只是一句標語，而是其產品策略、社會承諾與顧客價值的統一敘事核心。無論是能源解決方案、智慧建築、自動化控制系統或醫療設備，其行銷部門皆針對垂直產業設計不同的價值語境，但所有傳播皆回到品牌精神的本體，確保一致性與清晰度。

2. 在地化內容策略（Localized Content Strategy）

西門子理解全球市場的差異，因此建立一套結合中央管理與地方創造的內容生產機制。每個區域的行銷單位都能依據當地產業趨勢與語言文化，製作客製化行銷材料，如白皮書、應用案例影片、線上論壇與技術研討會。這種模式兼具標準化與彈性，讓品牌在地化同時不失核心調性。

3. 品牌信任的制度保障（Brand Governance）

品牌治理是西門子維持品牌穩定的關鍵。總部制定品牌管理手冊、標準用語範本與視覺資產庫，定期對各地分公司與合作夥伴進行品牌審核與訓練。此制度不僅防止品牌走樣，也確保每一次與客戶接觸都是一致而可信賴的體驗。

第十節 案例總結：西門子的 B2B 信任品牌打造策略

4. 整合型客戶旅程設計（Customer Journey Integration）

西門子導入行銷自動化平臺（如 Marketo）與 CRM 系統（如 Salesforce）來串聯顧客觸點，並設定潛在顧客教育、問題解決與交易支援的完整流程，建立 MQL（Marketing Qualified Lead）到 SQL（Sales Qualified Lead）的轉化模型。這讓行銷部門不只是產出內容，更能參與銷售成果。

5. 永續與信任連結（Sustainability as a Brand Pillar）

自 2022 年起，西門子正式啟動其 DEGREE 策略（Decarbonization, Ethics, Governance, Resource efficiency, Equity, Employability），將永續發展目標內嵌於品牌策略中，從減碳到員工平等制度都成為其企業品牌可信度的展現方式。這使其品牌不只是「賣產品」，而是成為「共好未來」的象徵。

西門子在臺灣的實踐與啟發

在臺灣市場，西門子早於 1990 年代即與工研院、中鋼、台電、中油等大型企業建立合作夥伴關係。透過導入自動化控制系統、能源效率管理方案與智慧製造平臺，西門子不僅成為解決方案提供者，更透過「行銷即教育」的邏輯推動產業升級。

近年來，其積極舉辦「西門子智慧製造論壇」、「臺灣能

◇ 第一章　重構價值鏈：工業品行銷的本質與挑戰

源轉型創新年會」、「工業數位雙胞胎展示車巡迴展」等，將全球趨勢、技術創新與本地應用連結，強化市場信任基礎。這些行銷活動也成為客戶關係深化與新商機孵化的重要平臺。

臺灣企業的行銷借鏡與啟發

西門子的成功並非偶然，其將行銷策略融入企業核心治理、制度管理、客戶旅程與社會責任，提供臺灣工業品企業三項啟發：

- 行銷不是聲量，而是結構：需建立跨部門制度，讓品牌、業務、服務、技術合作貫穿整個旅程；
- 品牌不是口號，而是價值兌現：一切行銷內容與顧客互動，皆應落實品牌主張；
- 信任不是情感，而是系統設計：必須靠制度化、標準化、持續化來累積長期信任資產。

結語：從理念到制度，行銷驅動永續品牌力

本章從工業品行銷的基礎觀點出發，全面探討行銷在當代企業價值鏈中的重新定位。我們走過工業品與消費品的根

本差異、從銷售轉向價值導向、微笑曲線的策略再分配、行銷推拉的結構轉換、信任經營的層次、倫理體系、組織文化改革,最終聚焦於可長期實現品牌信任的制度設計。

西門子的實例提醒我們,行銷若能從企業文化、制度治理、跨部門策略到市場感知全面布局,就不只是助力成長,而是企業競爭核心。

◇第一章　重構價值鏈：工業品行銷的本質與挑戰

第二章
行銷升維：
策略制定與環境判讀

◇第二章　行銷升維：策略制定與環境判讀

第一節
PEST 與 SWOT：策略基礎工具解析

策略工具在工業品行銷中的核心價值

在進行行銷規劃與策略制定前，企業需具備一套系統性思維架構，以評估外部環境與內部資源，進而擬定最適應市場趨勢的行動方針。PEST 與 SWOT 分析作為兩大經典策略工具，常被視為企業策略規劃的「基本功」，尤其在工業品產業中，其邏輯結構與實用性更具有關鍵地位。

與消費性產品不同，工業品市場較不受流行與情感波動影響，而是更依賴政策導向、技術演進與供應鏈穩定性等系統性因素。因此，工業品企業若能熟練掌握 PEST 與 SWOT 工具，便可更精準預判市場趨勢、風險挑戰與策略機會，進而強化在 B2B 環境下的競爭定位。

PEST 分析：預測外部變數的四大面向

PEST 分析主要從四個維度切入，分別為：政治 (Political)、經濟 (Economic)、社會 (Social)、科技 (Technological)。這些因素有助企業掌握總體環境的長期變化，進而調整行銷方針。

政治因素（P）

包括法規政策、貿易壁壘、補助方案與稅收調整。對工業品企業而言，像是臺灣推動的「智慧機械產業策略白皮書」、美中貿易戰導致的關稅變動等，皆會對出口業務與供應鏈造成直接影響。

經濟因素（E）

包含匯率變動、利率政策、GDP成長率、原物料價格波動等。例如全球通膨導致的原材料成本上升，會影響工業品企業的報價與利潤結構。

社會因素（S）

涵蓋勞動人口變化、教育程度、環保意識與客戶價值觀。臺灣近年因人口高齡化與技術人力短缺，使自動化設備的需求大增，這是工業品行銷的重要線索。

科技因素（T）

與產業技術突破、AI、IoT、5G等創新應用有關。科技變動對工業品的研發週期與產品更新速度具有關鍵影響，也牽動行銷訊息與競品差異化定位的調整。

透過 PEST 分析，企業可理解外部環境對自身業務的長期影響，避免策略僅聚焦於短期營收指標。

SWOT 分析：聚焦內外部整合與競爭定位

SWOT 分析（Strengths, Weaknesses, Opportunities, Threats）則著眼於企業內外部資源與市場條件的交互作用，是一項策略診斷與優勢槓桿化的關鍵工具。

- 優勢（Strengths）：企業的技術專利、製程優化能力、品牌信譽與售後服務體系等。
- 劣勢（Weaknesses）：例如品牌能見度低、行銷資源不足、對新興市場認知薄弱等。
- 機會（Opportunities）：可來自政府補助、技術標準變革、替代性需求上升等外部誘因。
- 威脅（Threats）：如產業競爭加劇、法規變動、原料斷鏈或新創技術顛覆等風險。

透過交叉矩陣方式（TOWS 分析），企業可進一步延伸出四類策略方案：

- SO 策略：運用優勢掌握機會
- ST 策略：運用優勢因應威脅

- WO 策略：改善劣勢以搶攻機會
- WT 策略：防範威脅並強化弱點

這樣的架構協助企業評估不同資源分配與行動方案的風險強度與執行難度。

實務應用案例：上銀科技的策略調整歷程

上銀科技（HIWIN）在 2020 年 COVID-19 疫情爆發後，透過 PEST 分析觀察到全球供應鏈重組、各國製造回流政策（如美國的 CHIPS 法案）與歐盟對碳排放政策收緊，這些趨勢成為其向智慧製造與自動化整合發展的重要指標。

在 SWOT 面向上，上銀強項為機構設計與高階滾珠螺桿技術，劣勢則是品牌在新興市場如印度、東協能見度較弱。因此他們提出 SO 策略——強化既有技術基礎，結合 AI 模組，推出智慧伺服解決方案；並推動 WO 策略——透過當地合資與設立技術展示中心提升品牌在地化認知度。

此一分析基礎大幅提升其行銷資源分配效率，並在 2022 年突破疫情影響，實現東南亞市場營收年增 22％的成果。

◇ 第二章　行銷升維：策略制定與環境判讀

工業品企業導入建議與常見錯誤

導入 PEST 與 SWOT 時，工業品企業常見以下三個錯誤：

- 只用於報告與簡報裝飾：分析未與策略選擇連動，造成資訊價值無法轉化為行動依據；
- 過於靜態與片面：僅以一時資料或單一部門觀點撰寫，缺乏部門合作與多角度審視；
- 忽略指標量化與可行性排序：未能將分析結果轉化為可執行的優先策略與量化成果追蹤。

因此，建議導入時應以跨部門共構形式進行，結合數據指標與市場驗證資訊，並定期回顧更新，讓這兩項工具成為企業策略決策的常態性儀表板。

小結：從工具到制度的策略基礎建設

PEST 與 SWOT 不只是簡報框架，而應成為企業策略治理的一部分。尤其在工業品行銷領域中，兩者可協助企業辨識轉型機會、避免盲點決策、強化資源集中，並導出更具有前瞻性與差異化的市場布局。

第二節
新常態下的產業趨勢洞察

新常態的定義與工業品的挑戰

COVID-19 疫情不僅打亂全球供應鏈,也徹底改變企業營運與市場互動邏輯。隨著疫情趨緩,全球經濟進入所謂的「新常態」(New Normal),也就是高不確定性、地緣風險升高、數位轉型加速與永續發展價值突顯的環境。對工業品企業而言,這不只是挑戰,更是策略再定位的重大機會。

根據 Deloitte(2023)全球工業製造業報告指出,企業若能在新常態下掌握數據、平臺、區域鏈、ESG 與人才等五大面向,就有更高機會強化行銷韌性與轉型速度。因此,洞察產業趨勢成為策略成功的前提,也是行銷人員不可忽視的基本功。

趨勢一:供應鏈區域化與韌性重構

全球供應鏈自 2020 年以來遭遇疫後停擺、俄烏戰爭、運費暴漲與中美對抗等風險,企業開始重建供應來源的分散化與區域化架構。這不僅改變生產布局,也改變了市場需求走向。

◇第二章　行銷升維：策略制定與環境判讀

臺灣許多工業品出口企業如台達電、上銀科技與研華科技，均在 2022 年後加快於東南亞、東歐設立分公司與服務據點，同時推出區域型方案（如低碳模組、可再生能源系統），以因應在地市場需求的多樣化。

行銷策略因此須從「全球單一訊息推播」轉為「在地化情境價值訴求」，並強化快速反應、模組彈性與技術適應力的溝通主軸。

趨勢二：數位轉型加速，內容行銷進階化

疫情期間遠距作業成為常態，加速企業導入 CRM、ERP、數位雙胞胎、AR/VR 展示技術。這使得工業品行銷不再局限於實體展覽與客戶拜訪，而必須在數位場域中建立品牌認知與價值引導。

以研華科技為例，其每季舉辦的「AIoT 應用線上論壇」吸引來自全球超過 3,000 位系統整合商與客戶參與，並整合線上諮詢、白皮書下載與客製化推薦方案，形成一條完整的數位顧客旅程（Customer Digital Journey）。

這也意味著行銷人員必須升級數據閱讀、內容設計與平臺整合三大能力，將內容行銷升級為行動驅動的資產營運策略。

趨勢三：ESG 與永續成為採購關鍵標準

在全球碳中和與綠色製造浪潮下，許多大型 B2B 客戶將供應商的 ESG 表現納入採購審查要件。根據 KPMG（2022）調查，有超過 68％的國際買主會基於「碳足跡」與「企業治理透明度」選擇供應商。

對工業品企業而言，這代表行銷不只要傳達產品性能，更要展現企業如何實踐節能減碳、員工平等、資訊安全等社會責任指標。

例如台達電在其行銷素材中強調「碳中和廠房」、「綠色供應鏈聯盟」與「ESG 揭露報告」，這些資訊不僅提升品牌認同，也有助於企業打入具國際標準的採購體系。

趨勢四：客戶需求複雜化與系統整合崛起

現代工業品客戶越來越不只購買單一設備，而是尋求「整合式解決方案」——從軟硬體搭配、數據串接、後端維修到策略合作，需求愈發複雜。

這使得行銷必須協助企業由「產品導向」轉為「需求洞察導向」，並提出「高信賴、高適應性、高附加價值」的整合主張。

◇ 第二章　行銷升維：策略制定與環境判讀

西門子即是代表之一，其透過整合能源管理、智慧控制與遠端維護服務，讓客戶無需多方整合資源，即可獲得完整解決方案。其行銷策略著重在呈現「總體生命週期成本優化」與「風險管理能力」，大幅強化在 B2B 決策鏈中的影響力。

趨勢五：人力結構變遷與價值導向再定義

人口老化、少子化與人才斷層，使得臺灣許多中小企業在轉型與接班上面臨困難。新一代決策者與工程人員更重視科技應用、人性化操作介面與價值共創，這對傳統工業品行銷語彙與溝通方式形成挑戰。

工業品企業若要抓住新世代客群，行銷內容必須轉向「視覺化數據」、「應用場景導向」、「使用者情境故事」等表達模式，並強化品牌的社會意義與創新形象。

小結：
從觀察到預判，行銷升級必須先於市場變動

新常態不代表回不到過去，而是指出市場再也不會回到過去。每一項趨勢都可能重新定義顧客的認知方式、採購流程與合作期待。對行銷而言，這些變化不應只是觀察報告，而必須成為策略布局、內容設計與市場卡位的起點。

第三節
工業品企業的錯誤策略與卡位思維

策略制定的常見錯誤：
工業品企業為何常走錯路？

在充滿變動與挑戰的當代市場環境中，工業品企業如果缺乏系統性思考與前瞻性策略，往往會陷入執行層級的操作慣性之中。許多企業的「策略」實際上僅為年度預算表與業務目標的堆疊，缺乏對市場結構、競爭定位與企業資源組合的長期思考。

根據臺灣工研院產業經濟與趨勢中心（IEK）針對中型製造企業的研究顯示，有高達 58% 的企業將策略訂定視為業務部門的專責，缺乏跨部門合作與中長期視野。這樣的認知落差，正是導致策略落空、轉型失敗與價值流失的主因之一。

這類策略錯誤表現在以下幾個關鍵層面：

(1) 過度仰賴單一大客戶：為了營收穩定，企業常投入大量資源服務少數客戶，忽略市場多元性與潛在機會。一旦主要客戶轉單或出現政策變化，企業將面臨重大風險。

(2) 只談技術不談應用：許多工業品企業擁有強大技術能力，卻未能將技術轉化為對應產業應用的明確場景與語言，使得客戶無法理解其解決什麼問題。
(3) 短期促銷取代品牌策略：在競爭激烈的情況下，價格戰成為主要手段，企業為搶單犧牲毛利，但缺乏長期品牌建構、使用者教育與差異化價值經營。
(4) 市場選擇隨機與被動：許多企業進入新市場不是基於市場評估與策略考量，而是跟著客戶走、跟著同業走，忽略了地緣政治、產業成長性與在地服務成本的系統分析。
(5) 內部組織缺乏策略支持機制：即使策略方向正確，但組織未能設立專責單位或績效指標，導致策略淪為文件，無法有效執行與落實。

策略錯誤的代價：
機會流失、品牌弱化與轉型卡關

這些錯誤策略不僅可能造成短期業績震盪，更將使企業錯失關鍵市場轉折點，無法掌握技術更迭與客戶需求變遷的契機。以臺灣某控制器製造商為例，該企業原本95％以上營收依賴中國特定OEM客戶，但在2022年客戶整併與庫

存去化後,其營收暴跌 34%,並出現研發與行銷預算嚴重不足的現象。

此外,品牌建構若缺乏策略支持,企業將始終陷於低價競爭,難以進入高價值客戶決策清單。當企業欲進軍新興市場或開發高技術方案時,缺乏過往品牌資產積累,將難以取得客戶信任與業界認可。

卡位思維的本質:
在混戰中創造屬於自己的空間

面對複雜多變的工業品市場,企業需要的不僅是競爭,而是「選擇正確的戰場與打法」。卡位思維(Strategic Positioning)就是幫助企業找出尚未被滿足、具成長潛力、與自我資源匹配的市場利基。

卡位思維強調三個層次:

- 市場卡位:選擇高成長或高痛點市場,避免陷入紅海價格戰;
- 價值卡位:以獨特技術、快速交期、完整方案或在地化服務構成難以被複製的價值曲線;
- 品牌卡位:從「提供產品」轉型為「提供關鍵夥伴解決方案」,建立高信賴度與低轉換風險印象。

例如中部一家氣壓元件製造商，選擇不與日本大廠硬碰，而是專注在印尼、泰國等中型加工產業，提供半自動控制元件加快速技術諮詢模式，並強化在地備料與中文使用手冊服務，成功卡位「支援靈活、反應快速」的市場認知，其在東協五年間營收年複合成長率達21%以上。

臺灣企業卡位範例：中衛公司的策略轉換

中衛公司原為傳統醫療口罩與手術耗材代工廠，面對低毛利競爭與中國供應鏈崛起，2017年啟動轉型，鎖定智慧醫療場域進行卡位重建。

策略包含：

◆ 將產品定義從「耗材」轉變為「健康監控工具」，研發穿戴式呼吸與心率感測設備；
◆ 結合軟體團隊開發數據平臺，提供長照機構遠距照護與預警功能，延伸使用情境；
◆ 透過與健保署資料交換串接，強化產業整合與政策導入機會；
◆ 建立B2B2C模式，跨足機構端與家庭端應用，擴大市場規模與品牌印象。

此卡位轉型不僅讓中衛獲得國發基金與國際創投投資，也在疫情期間以自有品牌切入智慧健康新市場，其整體營運體質明顯強化，並成為臺灣製造業品牌轉型的重要範例。

小結：從錯誤到定位，從被動到選擇

策略錯誤多數源於被動反應，而卡位思維則是主動選擇。工業品企業唯有跳脫價格導向的傳統觀念，真正進行市場選擇、價值設計與品牌差異化，才能在未來高風險、高技術、高整合的 B2B 市場中立足並擴張。

◇第二章　行銷升維：策略制定與環境判讀

第四節
競爭優勢的策略來源

競爭優勢的定義與誤解澄清

「競爭優勢」一詞在商業語境中經常被提及，但許多企業對其定義模糊。競爭優勢並非只是技術好、市占率高或客戶多，而是一種難以被模仿、能長期維持且具有價值的市場優勢來源。根據麥可・波特（Michael E. Porter）於其《競爭策略》中提出的理論，真正的競爭優勢來自於企業能否「以不同方式創造價值」，或「比他人更有效率地提供價值」。

在工業品領域，由於產品週期長、客戶關係穩定、決策鏈複雜，因此真正的競爭優勢必須具備三大條件：

- 不可輕易模仿（Inimitability）
- 對客戶有持續吸引力（Sustained Relevance）
- 能轉化為商業績效（Commercial Impact）

這意味著，單一技術或一次性價格戰不構成競爭優勢，必須整合多元資源形成完整的系統性優勢，才能構築市場護城河。

競爭優勢的四大來源

1. 技術深度與研發週期領先

例如臺灣的亞德客（AIRTAC）與上銀科技（HIWIN）在氣動元件與線性滑軌領域展現長期技術深耕成果，兩者皆透過持續的專利布局、材料升級與模組應用整合，累積起難以模仿的技術厚度與市場信任，而非仰賴短期研發突擊或價格戰。

2. 品牌信任與市場認知地位

品牌是一種認知資產，能夠降低顧客決策時間與風險。像西門子或施耐德電機這類 B2B 品牌，其「可信賴夥伴」形象已成為無形競爭資源，非靠促銷手段可取代。

3. 供應鏈韌性與交期保障力

在疫情與地緣風險頻繁的時代，供應鏈的即時性與可靠性成為客戶選擇供應商的重要標準。台達電與研華科技皆透過在亞洲與歐洲建立雙軌供應節點，保證大宗訂單可於時效內交貨，成為競爭門檻。

4. 顧客關係管理與服務整合能力

能掌握顧客數據、生命週期、客製化需求並快速反應，才是真正能留住顧客的根源。像研華透過 WISE-PaaS 平臺

◇第二章　行銷升維：策略制定與環境判讀

提供客戶全程追蹤服務，從選型到維護皆視覺化，形成完整顧客經營閉環。

臺灣企業實例：上銀科技如何形成系統競爭力

上銀科技（HIWIN）從早期 OEM 代工出發，逐步建立自有品牌與核心技術，透過以下三項策略建構其競爭優勢：

◆ 研發中心全球化：在德國、日本與臺灣同步設立研發據點，整合感測、控制與機械結構設計；
◆ 品牌策略持續投資：在歐洲推動技術論壇與工業展覽，將「HIWIN」與高精度與穩定形象結合；
◆ 智慧工廠服務模式建置：提供客戶整廠規劃、遠端維運、機聯網整合，跨越單一產品供應角色，變成「工業升級夥伴」。

這些優勢具備時間累積、跨領域整合與顧客依賴性三大特質，使上銀科技能在歐洲、日本等成熟市場與全球大廠並立，形成獨特的競爭壁壘。

如何系統性培養競爭優勢？

企業欲打造可持續競爭優勢,應採以下四步策略養成法:

(1) 盤點資源與辨識稀缺要素:釐清企業擁有哪些無法輕易取得或模仿的能力、關係、技術與數據。
(2) 設計商業模型與差異路徑:不只是優化產品,而是設計如何提供不同的價值 —— 例如以模組服務代替一次性銷售。
(3) 建立防禦機制:透過專利保護、標準制定、客戶資料平臺、品牌信任機制等方式鞏固優勢。
(4) 持續再投資與創新升級:將部分利潤投入新技術、新市場與新應用的探索,使優勢不因時間流逝而被複製或取代。

小結:競爭力不來自戰術,而來自整合

在工業品行銷中,競爭優勢不能靠單點突擊或短期手段取得,而需透過技術、品牌、供應鏈與顧客關係的全面整合,長期投入,穩定推進。企業若能辨識自身獨特資源並系統運作,即可在高度同質化的產業中突圍而出。

◇第二章　行銷升維：策略制定與環境判讀

第五節
從定位到卡位：建立獨占區隔

從「定位」到「卡位」：觀念的升級

在傳統行銷理論中，「定位」（Positioning）是一種在顧客心中占有一席之地的策略，也就是讓目標市場清楚知道你是誰、為何與眾不同。然而，對於工業品企業而言，僅有定位還不夠。因為市場環境與競爭結構高度變動，若無法進一步卡住一個有價值的市場空間，定位再鮮明也容易被取代或邊緣化。

「卡位」是定位的進階實踐，意指企業不只在顧客心中占位，更在市場結構中找到一個難以被取代的策略位置，透過產品力、服務體系、品牌認知與價值網絡的整合，形成競爭者不易進入的護城河。

第五節　從定位到卡位：建立獨占區隔

工業品企業常見的卡位類型

1. 技術卡位

透過高技術門檻、獨家專利或產業標準設定，形成技術領先的排他性。例如亞德客在氣動控制元件中設計具智慧感測功能的氣缸模組，卡住智慧工廠升級所需的中段自動化需求。

2. 應用場景卡位

以特定產業應用為主軸切入，例如醫療自動化、半導體前段設備、高速加工機產業，並提供專屬模組與解決方案。如上銀科技即針對牙科、精密手術設備開發極小型線性滑軌，取得市場專屬認知。

3. 區域卡位

針對特定地理區域（如東南亞、印度、南美）設立區域中心與技術服務據點，結合在地語言、文化與交期需求，建立本地信任關係。例如台達電於越南與馬來西亞設立技術中心與工業示範廠，結合教育訓練與導入工程，創造品牌壁壘。

4. 關係型卡位

在特定客群中建立長期共創關係，例如進入 OEM 設計階段、提供客製化開發資源或協助客戶銷售其下游產品，轉化為生態夥伴而非單純供應商。

◇ 第二章　行銷升維：策略制定與環境判讀

臺灣實例：研華科技的情境卡位策略

研華科技自 2015 年起推動「共創 IoT 生態系」，其核心策略並非以單一產品競爭，而是打造針對各應用場景的「解決方案模組」，並結合系統整合商（SI）與軟體夥伴進入垂直市場。

舉例來說：

◆ 在智慧城市中提供含影像辨識、邊緣運算、5G 通訊的交通管理解決方案；
◆ 在智慧醫療中與亞東醫院合作推動遠距診療與醫療設備智慧監控；
◆ 在智慧製造中結合其 WISE-PaaS 平臺與上游感測器廠、下游顧問服務商，形成完整價值鏈主導力。

透過這種「情境模組化＋價值網整合」策略，研華不僅卡位於市場需求轉型的前端，也逐步擺脫單一硬體商的角色，成為系統解決方案的信任品牌。

建立獨占區隔的四步驟架構

(1) 市場斷層分析：找出目前產業中有哪些需求未被滿足、服務品質不足或資訊不對稱之處。

(2) 優勢價值匹配：盤點企業在技術、人力、通路、合作網絡上的資源，對照斷層進行差異化匹配。
(3) 設計進入障礙：透過專利、系統綁定、數據閉環或售後服務差異化，讓競爭者即使模仿也難以複製整體體驗。
(4) 傳播與驗證：透過案例、客戶證言、業界口碑建立品牌信任度，使卡位不僅在邏輯上成立，更在市場運作中具體實現。

小結：從記憶定位走向市場占位

定位是讓人記住你，卡位是讓人選擇你，並難以離開你。對工業品企業而言，建立獨占區隔不再只是行銷溝通的任務，而是策略、產品、供應鏈與客戶經營的總體成果。

第六節 工業品客戶決策模式解析

工業品採購的多層決策特性

與消費性市場常由單一消費者或家庭決定購買行為不同,工業品市場的採購決策往往涉及多層級、多部門、長週期且風險敏感的評估過程。這種「複合型決策模式」(Complex Buying Behavior)成為工業品行銷策略設計的基礎前提。

一項由富瑞斯特研究公司(Forrester Research,2022)針對全球製造業採購鏈的調查指出,超過 74% 的企業採購案至少涉及三個以上的部門決策,包括技術部門、財務部門與高階主管。在臺灣中型製造業中,這樣的結構特別明顯,從需求確認、技術審核、預算編列、法務風控到合約簽訂,流程複雜且每個環節都需不同訊息與價值對應。

第六節　工業品客戶決策模式解析

決策參與者角色解析

在 B2B 工業品採購中，典型的角色分工如下：

- 使用者（User）：實際使用該產品的技術人員或工程單位，關注性能、操作便利性與維修頻率；
- 影響者（Influencer）：可能是顧問、設備主管或資訊單位，負責提供評估報告與技術導向建議；
- 決策者（Decision Maker）：通常為中高階主管，如廠長、採購主管，關注風險與品牌信賴度；
- 批准者（Approver）：如財務長、董事會等，負責最終預算核定與投資回報率判斷；
- 採購者（Buyer）：負責實際議價與談判流程的採購部門，重視價格、交期與付款條件；
- 守門人（Gatekeeper）：例如總機、祕書或行政窗口，負責阻擋不必要資訊，決定資訊是否能被傳遞到關鍵決策者。

理解這些角色對行銷人員設計內容、安排接觸順序與制定說服路徑至關重要。

◇第二章　行銷升維：策略制定與環境判讀

決策週期與轉換關鍵點

工業品採購週期長短取決於產品單價、專案規模與技術複雜度，可能從數週到數月不等。決策週期可拆解為以下幾個階段：

(1) 需求確認期：由使用單位或業務部門初步提出問題點與功能需求；
(2) 技術評估期：進行競品比較、規格審查與技術測試；
(3) 財務審議期：討論預算配置、TCO（Total Cost of Ownership）與報酬預估；
(4) 投標與談判期：進入正式詢價、技術澄清與採購談判；
(5) 決策與簽約期：高層做出最終決定並完成法律程序與合約簽署。

行銷策略應配合各階段提供適當內容，如白皮書、應用案例、TCO 模擬工具、客戶證言、比較表與現場示範，以強化影響力。

案例分析：台達電的多層行銷設計

台達電在推動資料中心解決方案的過程中，深知其客戶包含 IT 部門（負責操作與部署）、營運主管（關心能效與穩定性）與財務部門（主導投資報酬與成本控制）。

因此其行銷策略依據不同角色設計：

◆ 提供 IT 人員詳細的產品規格書與模擬環境測試平臺；
◆ 對營運單位強調其 PUE 指標（能源效率）優勢與維運成本下降數據；
◆ 對財務與管理階層則以長期能源成本回收期、全球成功案例與永續價值作為主打說服基礎。

此種分層溝通策略不僅提升方案說服力，也加速了決策週期。

小結：
了解決策邏輯，才能有效布局行銷影響點

工業品行銷若無法準確掌握「誰參與了決策」、「他們在意什麼」、「何時應對」與「如何傳達」，便無法在長週期且層層把關的決策結構中獲得突破。

◇ 第二章　行銷升維：策略制定與環境判讀

第七節
策略實施的障礙與轉化路徑

策略與執行的鴻溝：為何好策略常無法實施？

　　許多工業品企業在董事會與高階層能擬定清晰的發展藍圖與行銷策略，但當這些策略進入部門層級、日常運作與實務流程後，常常變得「無聲無息」。這種「策略—執行斷裂」現象是許多中大型工業企業面臨的典型挑戰。

　　根據《麻省理工學院史隆管理學院評論》(*MIT Sloan Management Review*, 2023)調查，全球 65% 的製造業高層認為企業擁有明確策略方向，但僅有不到 30% 的基層員工認為他們的日常工作與策略目標有關聯。

　　造成策略無法落實的常見原因包括：

◆　缺乏跨部門合作的推動架構；
◆　關鍵績效指標（KPI）與策略方向不一致；
◆　中層管理者未受訓練理解策略脈絡；
◆　員工不清楚策略與自身工作的連結性。

工業品行銷策略實施的三大障礙

1. 組織慣性

許多工業品企業部門分工明確,但也導致彼此「各做各的」,當新策略牽涉多方合作(如導入解決方案式行銷、ESG 價值溝通),組織慣性會成為第一道阻力。

2. 數據資源分散

若行銷部門無法存取業務、客服、研發等部門的資料,就無法進行有效的行銷分析與客戶洞察,策略自然流於表面。

3. 缺乏策略轉譯能力

策略語言過於抽象,例如「以客戶為中心」、「數位轉型」等,若無具體化到部門任務與行動清單,則難以產生實際改變。

策略轉化的路徑設計:從願景到行動

企業應該建立一套「策略內化與行動轉化」流程,協助策略從構想走向執行,具體步驟包括:

◇ 第二章　行銷升維：策略制定與環境判讀

1. 策略工作坊制度化

邀集各部門中階主管參與策略解碼工作坊，將企業策略分解為部門可理解與執行的目標與專案。

2. 部門 KPI 對接重設

行銷策略若以品牌能見度與客戶參與度為主，則 KPI 應納入數位觸及率、潛在商機培育時間、內容互動次數等指標，並與業務成果連動。

3. 跨部門專案制運作

如導入新 CRM 或執行客戶教育計畫，可成立由行銷、業務、技術、IT 人員組成的專案小組，以敏捷專案（Agile）手法進行周循環檢討與改善。

4. 策略儀表板與回饋機制

導入如 OKR（目標與關鍵成果）管理工具，讓各層級人員清楚每週行動如何對齊公司整體策略，並設定回饋路徑給予調整空間。

案例：亞德客的行銷策略轉譯實踐

氣動元件大廠亞德客（AIRTAC）在 2021 年面對新興市場競爭與智慧製造浪潮，重新設定其品牌策略為「在地化服

務＋高信賴解決方案」。

為了讓策略能夠落實，亞德客採取如下方法：

◆ 設立內部策略協調辦公室，負責每季向業務與工程單位說明品牌溝通方向；
◆ 將「在地語系技術支援率」與「客訴處理時效」列入各地分公司 KPI 指標；
◆ 建立「區域用戶問題地圖」平臺，供行銷與技術人員共同管理客戶需求洞察；
◆ 每年舉辦一次內部策略回顧大會，讓一線業務與客戶服務人員提出現場執行與品牌策略間的落差建議。

此舉不僅讓品牌語言與實際服務品質對齊，也讓策略從總部層面落實到區域市場層次，成為亞德客維持競爭力的重要制度之一。

小結：策略實施需要設計，而非交代

好的策略不是喊出來的，而是透過明確的「轉譯設計」與「組織對接」逐步實踐。尤其在工業品企業中，部門縱深高、流程繁複，更需要以結構化的方法確保策略不只是總經理懂，而是一線員工也能做、能改、能衡量。

◇第二章　行銷升維：策略制定與環境判讀

第八節
資料驅動下的策略調整機制

行銷策略不再靜態，而是動態調整的系統工程

在過去，行銷策略常被視為一年一度的規劃產物，由高層制定、基層執行，一旦定稿便鮮少調整。但隨著市場變動頻率提升、顧客行為數據可即時蒐集，行銷策略已不再只是靜態文件，而是企業必須持續監測、調整與優化的「動態決策系統」。

根據麥肯錫公司（McKinsey, 2022）指出，高效能企業平均每季度至少進行一次策略微調，並將數據視為策略決策的核心依據，這樣的動態機制能大幅提升行銷效能與預算運用效率。

工業品行銷中的數據應用關鍵場景

(1) 客戶行為追蹤：透過 CRM 與 MA 系統蒐集客戶網站點擊、內容互動、詢問頻率與方案比對紀錄，了解其真正痛點與採購節奏。

(2) 潛在商機評分：使用 Lead Scoring 模型根據客戶職位、產業類別、過往互動等數據，自動排序潛在商機優先級，協助業務聚焦資源。
(3) 行銷活動成效分析：即時追蹤電子報開信率、研討會出席率、內容下載量與轉換率，協助評估內容吸引力與活動投資報酬率（ROI）。
(4) 市場反應模型建構：針對產品價格、促銷活動與議價彈性建立回饋模型，預測特定策略推行後的市場行為反應。
(5) 客戶留存與流失預測：分析客戶購買頻率、客服互動紀錄與技術支援需求變化，提前辨識流失風險並介入。

臺灣案例：研華科技的資料驅動行銷實踐

研華科技近年積極導入數位轉型架構，其行銷部門以 WISE-PaaS（研華智慧物聯網平臺）與 Salesforce（美商賽富時公司）為核心平臺，整合 CRM、ERP、官網行為紀錄與社群互動數據，建構完整顧客輪廓與行銷反應曲線。

其具體應用方式包括：

◆ 為不同產業的 SI 夥伴建立專屬數據儀表板，提供即時內容推薦與顧客互動提示；

◇第二章　行銷升維：策略制定與環境判讀

- 依照客戶歷史紀錄與瀏覽內容，自動發送客製化白皮書與解決方案影片；
- 建立「內容熱點地圖」，協助內容團隊理解哪類型資料最受關注，據以調整發文策略。

這套系統性資料驅動機制，使研華在智慧醫療、智慧製造等關鍵垂直領域的商機轉化率提升了20％以上，並縮短了潛在客戶轉化時間。

推動資料驅動策略的組織準備事項

1. 資料治理制度建立

確認資料來源清晰、欄位標準化、權限分層明確，並定期清理過期與無效數據。

2. 數據解讀能力培養

提供行銷人員基本資料視覺化工具〔如微軟 Power BI、Google 數據工作室（Google Data Studio）〕訓練，讓第一線能理解趨勢。

3. 行銷與 IT 合作平臺建置

避免行銷部門無法操作工具、IT 部門不理解策略，建立「數據轉策略」共同語言。

4. 設立資料驅動指標 KPI

如數據品質分數、轉化率成長幅度、異常商機預測準確率等，使數據轉化為可追蹤的行動產出。

小結：數據不是報表，而是決策力

在工業品行銷中，真正的數據價值不在於累積，而在於轉化。企業若能建立從蒐集、清洗、分析、行動的全流程，並設計視覺化儀表板與 KPI 回饋，就能將行銷策略從靜態文件轉為動態資產，隨時根據市場反應調整戰術與資源。

◇ 第二章　行銷升維：策略制定與環境判讀

第九節
案例：Honeywell 策略轉型與成長

Honeywell 的多元轉型歷程

　　Honeywell（美商漢威聯合）是一家橫跨航太、能源、製造、建築自動化等多元產業的跨國企業，曾經是典型的傳統工業品牌。然而，自 2000 年代起，Honeywell 便開始推動系統性轉型計畫，將企業定位由「製造導向供應商」升級為「技術整合型解決方案供應商」，並大量布局數位化、永續與 AI 應用。

　　這場轉型背後的核心驅動力來自以下三項關鍵策略：

(1) 從產品銷售轉為解決方案整合：例如將原有控制器與感測器產品，整合為建築能源管理系統（BEMS），協助企業降低碳排與能耗。
(2) 從硬體商轉為平臺型企業：推出 Honeywell Forge 平臺，提供智慧建築與製造業數位雙生服務，進入 SaaS 模式經營。
(3) 策略聚焦永續發展與數位治理：將碳管理、能源追蹤納入新業務主軸，並強化企業 ESG 品牌形象。

第九節　案例：Honeywell 策略轉型與成長

行銷轉型的三大做法

Honeywell 的行銷部門同樣經歷重大轉型，其行銷策略從以產品為主的展示與推廣，轉變為以「客戶旅程」為導向的解決方案設計，並廣泛導入資料驅動機制與客製內容行銷：

(1) 以產業為單位重構內容體系：針對航太、石化、物流等垂直領域設立專屬內容小組，製作白皮書、案例影片與 ROI 模擬報表，加強 B2B 溝通深度。

(2) 強化關鍵決策者的信任觸點：設立高階決策者導向網站區塊，內容包含產業報告、全球趨勢講座與執行長對話專欄，深化品牌影響力。

(3) 與銷售整合的內容營銷流程：行銷與業務共用 CRM 與 MA 系統，讓業務人員能即時取得內容資源並掌握客戶互動紀錄，提升提案品質與轉換率。

轉型成果與品牌再定位

Honeywell 近五年在數位化與永續服務的營收占比逐年上升，截至 2023 年，其來自智慧製造、建築自動化與能源管理平臺的營收占比超過 30%。

◇ 第二章　行銷升維：策略制定與環境判讀

品牌調查機構 Interbrand 將 Honeywell 列為「技術與產業融合創新典範」，顯示其成功擺脫「傳統工業品牌」形象，朝「高科技策略合作夥伴」角色邁進。

與臺灣中衛公司的對照學習

臺灣的中衛公司亦從早期的醫療耗材代工廠，轉型為智慧照護品牌，發展自有產品線（如穿戴式偵測裝置）並整合雲端照護平臺。與 Honeywell 相同，中衛公司策略從「產品」轉為「場景導向整合服務」，並成功打入健保署、長照機構與國際醫材通路。

其關鍵策略包含：

◆ 引進數據平臺，建立健康數據雲端長照鏈；
◆ 以品牌協作整合經銷通路，提升品牌議價力；
◆ 重塑企業品牌形象，聚焦於「智慧照護方案提供者」而非傳統醫材。

小結：策略轉型需要品牌再定義

Honeywell 與中衛公司雖分屬不同產業與規模，卻同樣顯示出策略升維必須伴隨品牌再定位與行銷工具重構。透過

第九節 案例：Honeywell 策略轉型與成長

數位平臺建置、客戶旅程優化與內容資產經營，企業才能真正將策略轉型落實到品牌價值的重塑上。

◇ 第二章 行銷升維：策略制定與環境判讀

第十節
案例：臺灣中衛公司如何從代工跨足品牌

從代工起家到自有品牌：中衛的轉型起點

中衛公司原為臺灣中部的醫療耗材製造商，長期為全球醫材品牌進行代工，包括外科手術用口罩、無塵衣與各式醫療紡織品。由於代工產業毛利有限，且長期處於價格壓力與品牌依附地位，中衛於 2016 年啟動「品牌轉型計畫」，目標是從成本驅動走向價值驅動，從製造導向升級為智慧照護整合品牌。

其轉型導火線來自全球長照趨勢的興起與智慧穿戴科技的成熟。中衛團隊觀察到，未來高齡社會的需求不只是醫療產品，而是能夠結合「預防、偵測與服務」的完整照護解決方案。

第十節 案例：臺灣中衛公司如何從代工跨足品牌

三階段策略升級路徑

1. 產品重構與技術升級

中衛近年積極導入數位化與醫療監測概念，已著手開發結合健康監控與便利性的新型產品。舉例而言，中衛推出具備防疫功能與時尚感的彩色口罩、單片包裝溼巾系列等消費性健康商品，並強調產品在長照、居家與醫療機構的實用性，預示未來將朝智慧醫療應用持續深化。

2. 品牌定位與價值設計

中衛原以醫療耗材 OEM 代工為主，品牌形象偏向「潔淨、防護」導向，後於 2010 年代起進行品牌重塑，逐步轉型為結合功能與設計感的健康生活品牌。透過新品牌標語「Health in Style」，傳遞從單一防護轉向「日常主動健康管理」的核心價值，並強調使用者安心、日常舒適與產品風格兼備。

3. 行銷通路重構與國際化

中衛不僅深耕臺灣市場，也積極拓展國際布局。除透過健保通路持續強化與醫療體系的關聯外，並配合政府新南向政策進軍東南亞市場。近年中衛彩色口罩已進入新加坡、日本等國際零售與電商平臺，並與當地通路與醫療通報系統洽談合作，逐步建立「臺灣製造 × 品牌美學 × 健康科技」的新市場定位。

◇ 第二章　行銷升維：策略制定與環境判讀

行銷升級關鍵動作

1. 從業務導向轉為內容行銷導向

設立健康科技行銷中心，負責製作情境影片、真實個案記錄與照護現場模擬報告，提升品牌說服力與市場教育能力。

2. 導入 CRM 與 MA 系統

統整醫療單位洽詢紀錄與產品使用回饋，進行關鍵決策者角色建檔，發送客製資訊包（含效益分析報告、申請補助文件、臨床實驗回饋）提升採購轉換率。

3. 與產業生態鏈共創

與護理師協會、照護平臺、物聯網企業共同建構智慧長照生態圈，並進行品牌聯名與 ESG 議題連結。

成效與影響：從 OEM 到 B2B2C 品牌的進化

根據中衛公司公開之新聞稿與 2023 年度市場報告，品牌產品的營收占比穩步提升，並以智慧照護方案在臺灣與東南亞市場取得顯著進展。可觀察到其在多項政府採購案中競標成功，並與地方政府合作推動智慧照護示範應用，實際參與長照機構資訊化改造與科技整合方案。

第十節　案例：臺灣中衛公司如何從代工跨足品牌

《日經亞洲評論》與《富比士亞洲》(*Forbes Asia*)亦在 2022 年專題中提及臺灣智慧醫療品牌於東協高齡市場的崛起，其中中衛被列為具轉型潛力代表企業之一，肯定其從傳統製造走向智慧照護、從產品供應進階為健康方案夥伴的實踐模式。

小結：在地企業的全球卡位策略

中衛的轉型過程顯示，品牌升級並非大企業專利，中小型工業品企業若能掌握產業趨勢，結合策略設計與行銷工具重構，也能在全球市場中找到自己的獨占區隔。

◇第二章　行銷升維：策略制定與環境判讀

第三章
行銷整合術：
實現「工業品行銷＋」

◇第三章　行銷整合術：實現「工業品行銷＋」

第一節
工業品行銷＋的定義與適用條件

工業品行銷面臨的新挑戰

隨著全球市場邁入高複雜、高技術、高互動的新階段，傳統的工業品行銷模式已無法滿足現代 B2B 客戶的需求。以往工業品行銷被視為「輔助銷售」的後勤角色，但如今行銷不僅需主導顧客需求啟發、數位內容建構、品牌價值傳遞，更要協助企業建立跨部門整合的競爭力。

在此背景下，「工業品行銷＋」（Industrial Marketing Plus）成為一項新的整合概念，代表的是將行銷功能橫向延伸，結合數位科技、品牌經營、顧客體驗設計與策略溝通，從而形成一套動態、系統且可擴展的行銷作業體系。

「工業品行銷＋」的核心內涵

＋數位工具（Digitalization）

導入 CRM、MA、網站互動、白皮書下載、潛在商機追蹤等工具，使行銷變得即時、可量測、可自動化。

＋客戶體驗（CX Management）

不再只關注成交前的活動，更重視使用歷程、技術支援、教育訓練與長期信任關係經營。

＋內容系統（Content Architecture）

建構跨平臺內容資源，將技術資料、應用案例、產業趨勢、社群互動整合為行銷內容中樞，提升教育與引導價值。

＋品牌治理（Brand Governance）

從產品品牌擴展至企業品牌、價值品牌與ESG品牌，建立系統化品牌管理流程與辨識邏輯。

＋策略參與（Strategic Involvement）

行銷參與產品定義、市場選擇、價值定位與通路策略形成，扮演策略思考推手。

適用條件：哪些企業需要導入「行銷＋」？

「工業品行銷＋」適合以下情境的企業：
(1) 有多產品線、多地區銷售、需跨部門合作的組織架構；
(2) 客戶採購決策週期長、決策者多元，需持續溝通與教育市場；

◇第三章　行銷整合術：實現「工業品行銷＋」

(3) 面臨國際品牌競爭，需要強化品牌信任與差異化溝通能力；
(4) 正進行數位轉型，需導入新平臺並再設計顧客旅程流程；
(5) 新成立自有品牌或進行 OEM 轉 OBM 的策略重整階段。

臺灣實例：從製造導向到整合行銷導向

以臺灣工業電腦品牌研華科技為例，其在 2015 年後推動「工業物聯網生態圈」發展，便逐步將行銷部門轉型為「平臺內容中心」。除提供產品型錄外，更建立產業知識圖譜、用戶社群經營、白皮書資源中心、產業專家論壇等，構成完整的行銷生態體系。

此外，其透過 CRM 與 WISE-PaaS 整合，打造全流程數據化顧客旅程，行銷人員能即時追蹤客戶對內容互動紀錄，調整策略節奏與內容精準度，大幅提升行銷貢獻度與潛在商機轉換率。

小結：行銷從功能轉向系統、從支援轉向主導

「工業品行銷＋」不僅是工具堆疊，而是思維重構。它要求行銷部門從被動服務走向主動設計，從操作執行升級為策略整合者。未來的行銷不再只問「怎麼賣」，而是主導「賣什麼、為何賣、怎麼連結市場與價值」。

◇第三章　行銷整合術：實現「工業品行銷＋」

第二節
「＋網路」與「網路＋」的本質差異

「＋網路」與「網路＋」是什麼？

　　在推動數位轉型與整合行銷的過程中，「＋網路」與「網路＋」常被混為一談，但兩者背後代表著截然不同的思維模式與執行重心。對工業品企業而言，理解這兩者的本質差異，是決定行銷數位化成敗的關鍵。

　　「＋網路」指的是在原有行銷活動上，附加網路元素，例如建立官網、開設社群帳號、寄送電子報，核心業務仍是傳統通路與實體推廣，網路只是輔助管道。

　　「網路＋」則是從數位出發，以網路為主體架構整個行銷與業務流程，例如先做線上線索育成、再透過數位互動驅動業務洽談、最後導向線下服務。此模式強調數據導向、用戶行為追蹤與內容主導。

第二節 「＋網路」與「網路＋」的本質差異

「＋網路」的典型特徵與限制

(1) 網站為靜態展示，無互動與行動導向設計；
(2) 電子報與社群帳號僅作為公告用途，無轉化指標或漏斗設計；
(3) CRM 與銷售數據未整合，線上活動與業務行為斷鏈；
(4) 缺乏數據回饋機制與內容優化系統。

此模式對於仍以傳統展覽、電話開發為主的企業來說，可以作為轉型起點，但無法長期支撐競爭力與顧客信任建立。

「網路＋」的關鍵邏輯與能力基礎

(1) 將網站設計為「顧客轉化平臺」，具備內容吸引、互動導引與商機追蹤能力；
(2) 透過行銷自動化系統（如 Salesforce Pardot、HubSpot）追蹤潛在客戶行為，進行 Lead Nurturing（線索培育）；
(3) 所有活動與銷售行為進行資料連動，透過 CRM 匯總數據，並以資料驅動內容調整與提案策略；
(4) 行銷團隊具備「內容行銷、數據閱讀、顧客旅程設計」等複合技能，能主導轉化設計與客戶關係維繫。

◇第三章　行銷整合術：實現「工業品行銷＋」

臺灣案例比較：工具機業者的轉型歷程

以臺灣南部兩家中型工具機企業為例：甲公司於 2020 年建立官網與 Facebook 粉專，但僅用作新品公告，點擊率低、無轉單成效；乙公司則導入整合型行銷平臺，定期更新技術白皮書與案例影片，並透過下載資料蒐集潛在商機名單，串連 CRM 進行業務分派與回報追蹤，半年內潛在商機轉換率提升至原本的 3 倍。

兩者差異即在於：甲公司為「＋網路」，乙公司為「網路＋」，一者為展示附屬，一者為主體架構。

如何從「＋網路」升級為「網路＋」？

(1) 重新設計網站與內容流程：從產品邏輯轉為顧客場景邏輯，設計白皮書、問題導向頁面、案例導覽等內容型資源；

(2) 導入 Lead 磁石與數據追蹤模組：設置註冊區、下載區與互動模組，啟動使用者行為資料蒐集與回應策略；

(3) 建置跨平臺數據統一平臺：整合 CRM、MA、ERP 與客服系統，打通用戶旅程全貌；

(4) 建立內容－數據－提案連動機制：使業務可依據客戶線上行為推薦最適內容，提升提案命中率與溝通效率。

小結：從被動展示走向主動轉化

「＋網路」是讓品牌看得到，「網路＋」是讓品牌被選擇、被信任並促成行動。對工業品行銷來說，唯有讓網路變成商機孵化與顧客培育的主場，行銷整合轉型才真正邁出實質的一步。

◇ 第三章　行銷整合術：實現「工業品行銷＋」

第三節
O2O 模式在工業品的實際應用

O2O 的定義與演進

O2O（Online to Offline）模式，原先多見於零售與服務業，其核心在於將線上流量導引至線下體驗與成交。對工業品行銷而言，O2O 不再只是「開發潛客、安排見面」的過程，而是從品牌接觸、技術教育、方案諮詢到業務跟進與售後維運的一條龍整合流程。

O2O 模式在工業品領域的進化主要展現在三方面：

◆ 從「資訊提供」升級為「價值共創」；
◆ 從「單點活動」升級為「整合旅程」；
◆ 從「工具應用」升級為「系統機制」。

工業品 O2O 流程五大核心節點

(1) 線上知識入口：建立產業知識型網站、白皮書下載中心、線上說明會與影片教學，提供潛在客戶自學空間。

(2) 互動式商機孵化：導入線上互動模組（如 Chatbot、技術諮詢表單）、商機評分機制，篩選高潛力客戶進行引導。
(3) 線下技術導入體驗：安排實體參訪、樣品試用、客製展示，結合技術與應用場景深化信任。
(4) 資料驅動回饋與提案優化：依據客戶在線行為與現場反應調整提案順序與方案配置，建立個性化提案架構。
(5) 後續再行銷與推薦管理：成交後透過 CRM 系統持續推送最新應用、維修升級、使用者成功案例，提升品牌終身價值。

臺灣實例：研華與台達電的 O2O 實踐

研華科技透過「共創夥伴大會」與「IoT 產業應用講堂」等交流活動，結合其 WISE-PaaS 產業雲平台，打造線上線下整合的產業知識與解決方案體驗流程。透過全球 SI（系統整合商）社群的在地合作，研華實現線上知識建構、線下技術展示與客戶深化互動的 O2O 布局，強化產業數位轉型的實踐深度。

台達電則在資料中心、建築自動化等領域建置智慧體驗中心，搭配數位展示平臺與模擬影片、能源分析工具、遠距解決方案導覽系統，實現從線上初步接觸到線下沉浸體驗的閉環行銷模式。相關展示應用已被廣泛引用於智慧園區、綠

建築等高效節能應用場域，有助於提升 B2B 客戶互動效率與轉換率。

成功 O2O 應具備的三大能力

(1) 內容邏輯設計力：具備用戶導向思維，從基礎知識、應用說明到案例驗證，設計符合顧客需求旅程的內容連結。
(2) 數據串連能力：所有行為數據需能跨平臺整合，連接 CRM、活動管理、提案紀錄與售後支援模組。
(3) 行銷與業務合作文化：內部需打破部門藩籬，建立「一體化客戶旅程」運作流程，讓行銷與業務資料透明共享，彼此成為顧客成功的共同推手。

小結：
工業品 O2O，是一場從「開發」到「養成」的整合行銷升級

O2O 對工業品企業而言，不只是技術整合，更是思維重構。企業若能建立以知識啟動、體驗引導、數據收斂與協作回應的閉環架構，將能在高複雜度決策鏈中脫穎而出，提升轉換效率與客戶終身價值。

第四節
CRM 與 ERP 如何整合行銷

CRM 與 ERP 的基本功能與差異

CRM（Customer Relationship Management，顧客關係管理）與 ERP（Enterprise Resource Planning，企業資源規劃）是企業最重要的兩大營運系統。CRM 著重在前端：客戶資料、銷售紀錄、互動紀錄、潛在商機與服務追蹤；而 ERP 聚焦後端：庫存、採購、製造、會計與交期管理。

在工業品企業中，兩者若分離操作，往往會出現資訊斷層：行銷人員無法得知交期與庫存，業務無法掌握客戶互動歷程，客服無法迅速查詢歷史訂單與技術支援紀錄，導致服務不連貫、提案效率低落。

為何整合 CRM 與 ERP 對行銷至關重要？

(1) 提升回應速度：客戶詢問交期與方案細節時，業務與行銷可即時查詢庫存與訂單狀況，提升回應專業度。

(2) 改善商機追蹤邏輯：CRM 中記錄的線索若能連動 ERP 中實際出貨與回購資訊，可建立完整的商機轉化閉環。

◇ 第三章　行銷整合術：實現「工業品行銷＋」

(3) 加強客戶分群與再行銷：結合交易紀錄、產品使用頻率與客服互動資料，有助於進行精準內容推送與再銷售設計。
(4) 形成策略決策儀表板：高階主管可透過 BI 工具統整 CRM 與 ERP 資料，快速判斷不同客群對營收、利潤與業務週期的貢獻度，強化資源分配與預算編列。

臺灣實例：永進機械的整合架構

永進機械為臺灣中型工具機製造商之一，據業界訪談與公開簡報資料顯示，其於近年導入 CRM 與 ERP 整合應用，整合客戶管理系統與鼎新 Tiptop ERP 平臺，以提升業務效率與客戶回應速度：

◆ 業務單位能從 CRM 介面查詢出貨紀錄與應收帳款資訊，並連動 ERP 進行即時報價與排程確認；
◆ 行銷部門結合客戶歷史採購紀錄與數位互動紀錄，進行潛在需求預測與推薦內容推播；
◆ 客服單位可透過整合介面查詢訂單進度、備料狀態與歷史維修紀錄，加速技術支援作業。

此整合方案促進了業務、行銷與後勤部門間的即時合作，並提升 CRM 資料在商機轉化與再行銷中的運用效能。

導入 CRM×ERP 整合的實務建議

(1) 導入前先進行資料盤點與標準化：將部門使用的客戶欄位、產品品號、地區代碼與銷售術語進行一致化處理。

(2) 選擇具開放性與串接能力的系統：若使用不同品牌系統，須確認是否支援 API 整合、Webhook 與雲端對接機制。

(3) 建立跨部門應用場景：如報價流程自動化、再行銷自動推播、技術支援提醒等實際場景，有助於推動內部認同。

(4) 以試點滾動方式推進：先選擇特定產品線或地區為測試點，滾動優化再全面擴展，避免大規模系統轉換造成阻力。

小結：系統整合是行銷升維的數據骨幹

在「工業品行銷＋」的整合邏輯中，CRM 與 ERP 的整合是數據流暢化的起點。當行銷部門能即時調閱業績、交期、客服與交易數據時，才能真正推動精準溝通、快速應變與策略優化。未來的行銷，將不是單點行動，而是整合後端營運與前端體驗的全域作戰模式。

◇第三章　行銷整合術：實現「工業品行銷＋」

第五節
品牌驅動 vs. 銷售驅動

兩種驅動邏輯的核心差異

在工業品行銷的實務操作中，企業常面臨一個根本性的策略選擇：「我們是靠品牌吸引客戶，還是靠業務推進成交？」這背後反映的正是「品牌驅動」（Brand-Driven）與「銷售驅動」（Sales-Driven）兩種不同的組織邏輯與市場操作哲學。

- 品牌驅動：重視市場印象、信任累積與價值主張，行銷主導策略與溝通節奏，目的是讓客戶主動找上門。
- 銷售驅動：著重目標達成、價格談判與客戶開發，業務主導一線活動與策略實施，目的是讓客戶點頭成交。

這兩種模式並無高下之分，而是應視企業發展階段、市場成熟度與產品特性進行配置與融合。

第五節　品牌驅動 vs. 銷售驅動

工業品企業常見的驅動模式配置

(1) 初創或 OEM 廠商：多半採取銷售驅動模式，仰賴業務拓展、參展與關係建立以快速取得訂單。
(2) 中型轉型期企業：逐步導入品牌概念，行銷開始參與價值主張與內容製作，但仍以業務端為主體。
(3) 品牌型系統供應商：例如台達電、研華科技，採行品牌驅動模式，以內容、平臺與信任資產吸引客戶。

案例比較：中小企業的雙軌整合策略

臺灣中部某自動化模組廠，過去 10 年高度仰賴參展與業務陌生拜訪取得訂單，屬於典型銷售驅動模式。然而，隨著競爭升高與客戶需求複雜化，該企業自 2021 年開始導入品牌驅動思維：

◆ 建立品牌辨識與網站內容資源中心；
◆ 每月產出應用案例與專家觀點白皮書；
◆ 將銷售 KPI 中納入品牌互動指標（如網站點擊率、內容下載量、詢問回覆時間）；
◆ 培養具行銷與業務混合技能的人才（Marketing-Enabled Sales）。

◇第三章　行銷整合術：實現「工業品行銷＋」

　　兩年內該企業的客戶詢問轉換率由 5.6％ 升至 12.4％，顯示品牌驅動對於縮短客戶決策時間與建立初步信任具有實質成效。

如何進行品牌與銷售的整合設計？

(1) 共用顧客旅程地圖：將行銷與業務合作設計完整客戶旅程圖，標注各階段負責單位與溝通內容。
(2) 建立內容資源中心：提供業務能即時使用的案例簡報、產業文章、FAQ 與影片素材，提升面對客戶時的信任感。
(3) 設計共用 KPI 制度：同時衡量銷售成果與品牌影響力，如「品牌觸及數／轉單比」、「行銷育成線索／業務成交率」等。
(4) 培養雙能力團隊：設立「業務 × 行銷合作員」制度，由業務與行銷共同拜訪重要客戶，促進語言統一與資源融合。

小結：驅動策略的融合是成長的關鍵

　　單一驅動邏輯無法因應工業品市場日益複雜的採購行為。唯有將品牌建構的長期價值與銷售活動的即時推動有效整合，才能在建立信任與實現轉換之間取得平衡，邁向穩健成長之路。

第六節
建構價值主張與顧客體驗

價值主張的本質：
不只是你賣什麼，而是為誰創造什麼價值

在工業品行銷中，「價值主張」（Value Proposition）不應只是產品功能列舉，而是企業針對目標客戶在特定場景中提供的整體價值承諾。它包含三個關鍵面向：

- 解決什麼問題（功能價值）；
- 如何降低風險或提升效率（經濟價值）；
- 如何協助客戶達成其商業目標（策略價值）。

一個好的價值主張，能明確說明「我們是誰、幫誰、解決什麼、為何比別人好」，並在第一時間建立專業感與信任基礎。

◇第三章　行銷整合術：實現「工業品行銷＋」

顧客體驗的系統設計：
從第一次接觸到持續合作

顧客體驗（Customer Experience, CX）是指客戶在與企業互動過程中，從感知、理解到記憶的整體感受。在 B2B 市場中，顧客體驗不只是行銷活動，更是跨部門整合的系統工程。

成功的顧客體驗設計涵蓋：

- 網站與內容體驗：技術資訊、操作簡報、應用案例是否易於理解與取用？
- 互動與回應流程：詢問是否有即時回覆？技術支援是否專業有效？
- 交付與服務體驗：交期是否如實？售後支援是否延續？系統是否穩定？
- 長期關係管理：是否有定期回訪？是否提供升級、教育或專屬顧問？

這些接觸點若無整合與設計，就無法構成連貫的品牌印象與客戶信任鏈。

臺灣實例：台達電的價值主張重構

台達電近年從電源供應器製造商轉型為「節能解決方案品牌」，其價值主張明確聚焦於：「高效率節能技術 × 客製化整合服務 × 全球在地支援」。透過：

◆ 建立區域解決方案中心，提供在地顧問服務；
◆ 整合 HVAC、照明與能源管理系統為一站式方案；
◆ 推出案例型技術白皮書，強化客戶導向語言。

此舉讓台達在資料中心、建築自動化與製造業領域成功建立新品牌印象，也強化其售前價值與售後留客力。

建構價值與體驗的一體化策略

(1) 從顧客問題出發，定義核心價值句：針對目標客戶輪廓（Persona），設計一套 3 秒內理解的「痛點解決句」，並能在簡報與官網首頁清楚展現。
(2) 同步設計「感受」與「功能」雙重路徑：技術資料完整是一回事，是否易讀、易懂、易比較也是行銷工作核心。
(3) 串聯內容、系統與人員行為：讓網站、業務簡報、客服回應與技術資料說的是「同一套價值語言」。

◇第三章　行銷整合術：實現「工業品行銷＋」

(4) 以回饋與追蹤為中心持續優化：每一次詢問、成交與流失都應成為價值主張驗證機會，持續回收調整。

小結：
價值是被感受出來的，不只是被說出來的

在工業品市場中，客戶選擇供應商往往取決於「誰更懂我」與「誰能真正幫我」。企業唯有將價值主張內化為每一個顧客接觸點的體驗邏輯，才能真正讓行銷不只是吸引，而是轉化與留存的關鍵動力。

第七節
工業品企業的內容行銷策略

從「宣傳」到「知識資產」：
內容行銷的角色轉變

在工業品市場中，客戶決策高度理性、採購週期長、資訊門檻高，傳統的產品型宣傳已難以打動專業受眾。內容行銷（Content Marketing）因此成為提升品牌信任、教育市場與建立專業形象的關鍵策略。

內容行銷的本質在於：「不賣產品，而是提供客戶做決策所需的知識與工具」，從而吸引對的人、在對的時間形成對的對話，進而轉化為實際商機。

工業品內容行銷的五大策略目標

(1) 市場教育：協助客戶理解技術脈絡、趨勢變化與應用差異，降低資訊不對稱；
(2) 需求啟發：透過問題導向內容，幫助潛在客戶意識到自身問題與轉型契機；

- (3) 信任建構：累積專業印象，建立「品牌＝知識領導者」的認知地位；
- (4) 轉化推進：透過白皮書下載、線上諮詢、案例影片等引導行動；
- (5) 留存強化：針對既有客戶進行升級教育與案例共創，強化黏著度與推薦意願。

實務內容形式與應用場景

- (1) 技術白皮書與應用指南：針對特定應用情境（如：半導體製程冷卻、智慧倉儲溫控）撰寫說明文件，供決策者參考。
- (2) 案例研究與用戶故事：邀請客戶共同製作成功案例，強化社會證據效應。
- (3) 影音內容與線上說明會：將複雜產品概念轉為動畫或操作示範，提升理解效率與轉貼意願。
- (4) 常見問題集（FAQ）與技術部落格：延伸業務與客服常見問題為長尾關鍵字內容，有效提升 SEO 與被動詢問數。
- (5) 互動式工具與試算模擬：提供 TCO 試算、參數選型工具等，增強用戶參與度與商機前期自助能力。

臺灣案例：研華科技的內容行銷系統化

研華科技建立「WISE-PaaS 資源中心」，整合白皮書、影片、案例、解決方案簡報與 API 手冊，並根據使用者角色 (SI、業主、IT 經理) 與產業別 (醫療、交通、製造) 提供客製化瀏覽介面。

此外，研華亦透過「共創內容計畫」與合作夥伴共同產出市場觀察、應用創新與實務部署內容，將內容行銷升級為生態內容建構，強化知識領導者定位。

推動內容行銷的組織與流程建議

(1) 成立內容專責小組：由技術、行銷、業務共同組成內容企劃團隊，設定年度主題與內容地圖；

(2) 建構內容資料庫與編輯流程：建立標準化模板與審稿流程，確保內容品質一致性與更新節奏；

(3) 設置內容績效指標 (CKPI)：衡量內容點擊、下載、轉換率、業務引用頻率與 SEO 效果；

(4) 強化內外部內容資源合作：與供應商、客戶、媒體、顧問共同合作產出內容，擴大觸及與信任來源。

◇第三章　行銷整合術：實現「工業品行銷＋」

小結：內容是工業品品牌的知識資產庫

　　內容行銷不只是行銷部門的事情，而是整個企業對外專業價值的整合與呈現。唯有建立內容產製與更新機制，並將內容視為可持續經營的資產，工業品品牌才能在高度專業與低信任的 B2B 市場中穩固其知識領導地位。

第八節 打造全通路整合行銷體系

從多通路到整合通路：工業品的行銷升維關鍵

傳統工業品企業多採取「多通路並行」的行銷方式，線下由業務拜訪與經銷商推廣，線上則有獨立的網站、社群與電郵行銷。但這種方式往往各通路各自為政，缺乏整合策略，導致資源浪費、訊息不一致與客戶體驗割裂。

「全通路整合行銷」（Omnichannel Marketing）指的是：將所有客戶接觸通路（官網、業務、技術支援、社群、展覽、合作夥伴等）整合為一致的訊息體系與互動流程，並能進行數據追蹤與策略統一，讓客戶無論從哪個管道接觸企業，都能感受到一致的價值主張與品牌體驗。

工業品全通路架構的四大支柱

1. 內容一致性

所有通路使用統一品牌語言與價值說明，確保客戶無論透過官網、簡報、影片或展場接觸，都獲得一致認知。

◇第三章　行銷整合術：實現「工業品行銷＋」

2. 數據中心整合

CRM、ERP、MA、客服系統數據需整合於行銷資料庫中，形成單一客戶視角（Single Customer View）。

3. 通路角色分工

根據通路特性設定功能分工，例如：展覽做品牌與新品曝光，官網做技術教育，社群做互動與情感連結，業務做關係深化。

4. 跨部門合作機制

建立行銷、業務、客服、技術團隊之間的共同行動流程與績效連結，確保體驗一致性。

臺灣案例：上銀科技的全通路策略實踐

上銀科技於 2020 年後推動數位與業務整合專案，啟動「全通路銷售支持平臺」建置計畫。其具體做法包括：

- 設立「數位客戶體驗部門」，專責統籌內容與系統整合；
- 將產品技術資料庫與業務簡報整合於內部行動平臺，業務可依照客戶類型即時提取適用內容；
- 官網搭配語言區分、產業應用導向與白皮書下載，並與 CRM 資料串接；

第八節　打造全通路整合行銷體系

◆ 展覽與研討會由行銷部統一設計核心訊息，現場由技術人員與業務共同主導應對，資訊回報同步進入 CRM。

該策略推行兩年後，上銀在歐洲與東南亞市場的客戶回購率上升 15%，並成功將詢問轉單比提升超過 25%。

推動整合行銷的組織條件與技術基礎

(1) 成立行銷營運中樞（Marketing Ops）：負責跨平臺流程設計、技術整合與績效監測。
(2) 導入行銷自動化與資料分析工具：如 Salesforce、HubSpot、Power BI 等，使資料即時化、流程自動化。
(3) 建立內容版本控管與審核制度：避免不同地區或部門出現訊息誤差。
(4) 設計「顧客旅程治理制度」：將顧客接觸點列為治理對象，透過數據觀察與回饋機制持續優化。

小結：整合不是更多，而是一致與協作

在 B2B 工業品市場中，通路整合不代表開更多帳號、設更多網站，而是讓所有通路與接觸點共同說一個故事、傳遞一個價值觀，並支援業務轉化與顧客黏著的整體體驗。唯有如此，行銷＋的系統才能真正發揮「乘法效應」。

◇第三章　行銷整合術：實現「工業品行銷＋」

第九節
案例：施耐德電機的 O2O 商業實踐

從硬體到方案：施耐德電機的數位轉型動因

施耐德電機（Schneider Electric）原以電力設備、配電盤與自動化控制系統聞名，然而隨著客戶對能源效率、智慧建築與永續發展的需求快速提升，其企業策略自 2015 年起逐步轉向數位解決方案與平臺導向經營，並大力推動 O2O 整合策略。

施耐德的 O2O 不僅是「線上導客、線下成交」，更是一種「數位啟動、實體深化、雙向回饋」的品牌經營與市場布局架構。

三層 O2O 架構：施耐德的系統化布局

1. 線上知識平臺（Online Engagement）

施耐德建置 EcoStruxure Navigator、Exchange 數位社群與 mySchneider App，提供客戶自助教育、技術文件下載、

能源診斷模組與互動型模擬工具。這些平臺將知識轉化為轉換點，並收集大量客戶數據。

2. 線下體驗中心 (Offline Activation)

於主要市場如新加坡、上海、巴黎與孟買設立體驗中心與示範樓層，展示其在製造、建築、資料中心等垂直場域的整合應用案例。客戶可實際感受方案實施成果，增加信任。

3. 線上線下數據整合 (Integrated Feedback)

客戶所有行為數據、問卷回饋與服務歷程同步整合至其 Salesforce CRM 系統，並依據客戶旅程進行 Lead Scoring 與自動分派業務行動。

成效與關鍵指標

根據施耐德 2022 年全球年報與《哈佛商業評論》報導，其 O2O 策略導入後：

- 數位轉化潛在商機提升 34%；
- 平均從第一次接觸到成交週期縮短 18%；
- 每位業務人員平均商機處理數提升 23%；
- 客戶滿意度（NPS）提升至業界前 15% 標準。

◇第三章　行銷整合術：實現「工業品行銷＋」

這些成效來自於 O2O 模式讓品牌內容、顧客互動與銷售資源同步更新與優化，從而產生明確效率與信任紅利。

臺灣在地實踐

施耐德電機在臺灣推動多項智慧建築與永續能源推廣活動，包括智慧建築自動化技術展示、能源管理教育工作坊及與產學合作單位共同舉辦的研討會，透過移動式展示車與區域巡展加強中南部產業區與學術機構的接觸。其在地行銷模式亦具備 O2O 整合特色，為品牌落實本地互動與實體深化的實踐之一。

小結：
O2O 不是工具，而是一種系統化競爭模式

施耐德電機的成功不在於「做了 O2O」，而在於其將 O2O 視為企業營運架構的一環，從平臺、流程、數據、組織到文化全面推進。這對工業品企業而言，是值得借鏡的高階整合典範。

第十節
案例：台達電如何從硬體製造轉向解決方案品牌

從代工到品牌：台達電的價值重構之路

台達電（Delta Electronics）原本以電源供應器、風扇與被動元件為主要產品，長期以 OEM 模式服務全球科技品牌。然而，從 2010 年起，隨著毛利壓力、產業轉型與淨零碳排政策推動，台達啟動一場橫跨業務、研發與行銷的「解決方案品牌升級」策略。

其核心轉型目標是：從「提供產品」轉為「提供節能與智慧系統整合解決方案」。這個轉型不只是口號，而是從營運結構、品牌傳播、產品定位到客戶體驗的全方位重構。

◇ 第三章　行銷整合術：實現「工業品行銷＋」

三層品牌升級架構

1. 產品層：整合式技術解決方案

將原本獨立的產品線（如電源、變頻器、監控模組）整合成「智慧建築」、「資料中心」、「電動交通」三大應用情境，並由工程顧問團隊協助客製規劃與部署。

2. 行銷層：價值主張重塑與內容驅動

品牌核心訊息由「節能科技領導者」拓展為「智慧綠生活創新夥伴」，搭配推動「台達綠色城市展」與「智慧製造週」，強化與 B2B 客戶的情感與信任連結。

3. 服務層：數位平臺與售後連續體驗

建置智慧能源管理平臺（如 DeltaGrid®）與數據監控系統，協助客戶執行能源數位化轉型，提供即時能耗監測、負載調節建議與運維預測，延伸品牌價值至系統整合與持續服務層面。

O2O 整合行銷應用

台達以「線上教育＋線下體驗」為策略核心，展開一系列整合行銷活動：

第十節 案例：台達電如何從硬體製造轉向解決方案品牌

- 線上平臺包含解決方案中心、案例影片、白皮書與模擬計算工具；
- 線下則於桃園總部設立「智慧建築體驗館」，並巡迴各大展會、技術大學與地方工業區，進行場域教育與商機育成。

根據其 2023 年永續報告與行銷年報數據：

- 客戶自主詢問量年增 18%；
- 首次接觸至成交週期平均縮短 11 天；
- 高階方案回購率提升至 42%。

品牌認知與價值關係重塑

在轉型過程中，台達特別重視品牌語言的在地化與策略一致性。舉例來說，其在臺灣推動的「智慧校園節能計畫」，不僅提供硬體，也設計課程內容並與教育部共同推動實驗場域，展現從產品供應商到知識共創者的角色蛻變。

此外，台達透過與地方政府、民間顧問、國際組織合作，進一步鞏固其「ESG 願景品牌」形象，強化其在東南亞與印度市場的 B2B 夥伴優勢。

◇第三章　行銷整合術：實現「工業品行銷＋」

小結：硬體公司也能擁有品牌力

　　台達電的轉型歷程證明，工業品企業並非無法經營品牌，只是需重新定義價值、整合部門資源並設計可持續的顧客關係。透過行銷＋策略、內容驅動、O2O 體驗與 ESG 價值鏈建構，台達成功建立出屬於臺灣工業品牌的國際話語權。

第四章
掌握成交力：
信任、服務與人際影響力

◇第四章　掌握成交力：信任、服務與人際影響力

第一節
銷售不是「推」，而是「導引」

從推銷思維到導引邏輯：行銷心理的轉變

在過去的工業品銷售場景中，「推銷」是一種常態。業務人員主動聯絡客戶、展示產品、報價、拜訪與談判，期望以技巧與話術完成成交。然而，隨著市場資訊日益透明、買方權力不斷擴大，以及數位科技的滲透普及，傳統推銷模式已逐漸失去吸引力與效率。

客戶不再只是被動聽取產品特性與價格資訊，而是傾向自主搜尋評比、比較替代方案並深入評估價值。此趨勢導致銷售策略也必須轉變，從以產品為中心的推銷，走向以顧客問題為核心的「導引式銷售」。這種方式不僅更能建立信任，也更符合工業品採購中多決策者、跨部門審查與長期合約導向的商務本質。

導引式銷售（Guiding Sales）強調協助客戶從問題釐清、需求確認、選項比較到風險評估與最終決策，是一種以價值為導向的互動過程。這與傳統「說服買單」的思維大相逕

庭,其重點在於協助而非推動,在於理解而非強迫,在於共創而非灌輸。

導引式銷售的三大核心特徵

1. 以客戶問題為起點,而非產品功能為主軸

真正有效的導引式銷售不會從「我們的產品有多好」開始,而是從「你目前面對什麼挑戰」出發。業務應透過提問、情境設計與案例分享,幫助客戶釐清目前系統瓶頸、流程痛點與潛在風險,再進一步引導到可行的解法選擇與對應產品配置。

2. 以對話引導為過程,而非演說展示

傳統銷售偏向單向訊息傳遞,由業務主導內容鋪陳與訊息掌控。然而導引式銷售更像是一場共創型對話,強調提問技巧、同理回應與場景模擬,引導客戶逐步建構自身需求理解與選項偏好,並協助其整合內部意見。

3. 以共同決策為結尾,而非單方成交

現代客戶對高價值工業品的採購不再接受「被銷售」,而傾向「自己決定」。因此,業務的目標應是協助客戶在多重考量下,做出不後悔且具內部說服力的選擇。這種方式可降低決策者壓力,並強化合作基礎。

◇ 第四章　掌握成交力：信任、服務與人際影響力

臺灣案例：自動化設備廠的銷售轉型

以臺灣中部某自動化組裝模組供應商為例，過去其銷售流程高度仰賴業務個人關係與「報價→比價→成交」的傳統節奏。然而在產品同質化日益嚴重、競爭者數位化程度提升之下，其獲單率與價格主導權開始下滑。

自 2022 年起，該公司導入「銷售導引流程再設計」計畫，結合行銷與業務部門資源，由產品導向轉型為應用導向流程。其做法包括：

◈ 在初步接觸階段提供互動式應用案例地圖，讓客戶根據實際情境自主選擇關注領域；
◈ 導入模擬診斷工具，設計五大常見生產瓶頸診斷題組，引導客戶對照自身需求並產出初步建議報告；
◈ 在提案階段由業務與技術顧問共同出席，協助客戶進行內部簡報資料準備，提升專案中標率與組織內部說服力；
◈ 後續加入顧客服務部門建立回饋機制，將客戶使用回饋與價值實現追蹤納入行銷再設計循環。

轉型一年後，該公司客戶詢問後轉換率由 7.2% 提升至 14.6%，平均報價週期縮短三週以上，客戶對業務專業感與提案深度的評價提升近 30%，同時降低報價競爭與讓利壓力，實質改善獲利能力。

第一節　銷售不是「推」，而是「導引」

導引力的本質是信任與共創

所謂「成交力」，並非話術或技巧的堆疊，而是能否建立一種讓客戶願意信任、主動參與並願意攜手共構未來的關係。

導引式銷售的關鍵，在於能否站在客戶立場理解其商業背景、技術限制與組織動態，並提出具可行性、可信任與可落實的方案建議。這不僅仰賴產品知識，更需要產業理解力、提問技巧與跨部門合作意識。

最終，成交不是結束，而是信任啟動的開始。當企業從「成交導向」轉為「成功導向」，從「我想賣你」轉為「我幫助你成功」，工業品行銷才能真正創造永續的合作關係與品牌影響力。

◇ 第四章　掌握成交力：信任、服務與人際影響力

第二節
客戶信任建立的三重邏輯

為什麼客戶選擇信任你？

在工業品市場中，成交往往不是發生在第一次提案，而是在信任建立之後的持續接觸中自然發生。信任，不只是關係，更是一種資產。它可以減少談判時間、降低成交門檻、提升報價空間，並且帶來長期合作的可能。

客戶為何選擇信任某一家供應商？這背後並非憑空而來，而是基於一套可預測、可經營的邏輯結構。

第一重邏輯：認知可信度
（Cognitive Credibility）

客戶第一步建立信任，往往來自於對供應商的「理性認知」。也就是：

◆ 這家公司是否擁有技術能力？
◆ 是否有完整的案例經驗？
◆ 是否具備穩定交期與售後支援能力？

這些資訊通常來自官網、簡報、口碑、白皮書與專案紀錄，是建立信任的第一塊基石。若此階段就無法建立基本可信感，後續互動將無法展開。

第二重邏輯：行為一致性（Behavioral Consistency）

當客戶開始互動後，信任是否深化，關鍵在於「說的和做的是否一致」。

- 承諾的交期是否如實兌現？
- 問題是否回覆迅速且負責？
- 是否會主動報告問題與解法？

這些日常行為將建立一種潛在感受：「這個夥伴可靠」。

臺灣某精密零組件供應商，為提升此環節信任感，設計了「業務行為承諾 SOP」，包括：24 小時內答覆、報價不遲於承諾時間、遇技術延遲須主動通知與替代方案建議。導入一年內，客戶滿意度從 82% 提升至 91%。

第三重邏輯：關係連結度 (Relational Engagement)

進入長期合作階段後，客戶的信任基礎來自於「關係價值」，這超越了技術與履約，而是：

- 這家公司是否理解我們的策略方向？
- 是否願意協助我們對內提案與教育其他部門？
- 是否能提出對我們有價值的建議與市場趨勢回饋？

這時候，銷售的角色已從「供應者」轉變為「共同成長夥伴」。

像研華科技與其系統整合夥伴間的關係，即是一種策略夥伴型連結：雙方共編白皮書、共辦論壇、共開展技術場域試點，這種互信關係往往難以被競爭對手輕易取代。

如何設計信任邏輯鏈的經營流程？

1. 階段導向的信任 KPI 設計

不同階段設置不同信任指標，例如第一階段為資料完整率與回覆時效，中期為交期準確率與技術問題解決率，長期為續單率與顧客推薦指數（NPS）。

2. 部門合作化信任養成流程

讓業務、客服、技術與行銷共用信任指標，並定期舉辦「信任體驗回顧會議」，分享成功與失誤案例，優化整體信任感知鏈。

3. 建立信任內容資產

累積技術實證、客戶見證、提案邏輯與風險透明處理流程，形成系統性信任素材包，供內外部溝通使用。

小結：信任是一條可以經營的路徑

工業品市場的信任，並非單靠關係或一次性服務所建立，而是一套可預測、可設計、可傳承的互動邏輯。當企業從「信任是一種運氣」轉為「信任是一套系統」，成交力將不再是憑感覺，而是源自策略思維與制度化信任建設。

◇第四章　掌握成交力：信任、服務與人際影響力

第三節
從回扣文化轉型為價值對等

回扣文化的根源與風險

在某些工業品市場中，回扣文化長期存在。它可能以「佣金」、「回饋」、「協助費」等形式呈現，實質上是一種非公開的利益交換行為。這類做法在短期內或許能協助成交，但從長期來看卻有三大風險：

(1) 組織倫理風險：回扣容易破壞內部採購制度的公平性，導致決策偏誤與職業道德流失。
(2) 商業合作不穩定：一旦回扣中止或被第三方競爭者超額干擾，合作即終止，無法建立長期合作基礎。
(3) 企業形象與法律風險：尤其在國際合作、上市公司與 ESG 趨勢下，回扣將成為公司治理評鑑與品牌信任的重大風險因子。

為什麼轉型成為必要？

近年來，無論是企業永續評鑑（如 DJSI）、供應商行為準則（如 RBA）或政府標案審核，對於誠信、透明與公平的

第三節　從回扣文化轉型為價值對等

要求越來越高。臺灣也有越來越多企業將「誠信經營政策」納入企業文化與採購條款。

這代表著「回扣」不僅是倫理問題，更會成為企業發展的天花板。

如何轉型為價值對等的合作文化？

1. 建立雙向價值主張框架

不以價格與利益交換為合作主軸，而是強調我們能如何幫助客戶：縮短交期、提升產線效率、降低能源成本或協助專案通過稽核。

2. 設計「價值視覺化」提案模式

以 TCO（Total Cost of Ownership）模型、ROI 計算工具與案例實證，讓價值取代金錢誘惑，轉化為理性決策支持資料。

3. 導入透明提案流程與書面紀錄

以透明報價單、分項說明與會議紀錄取代口頭承諾與個人默契，建立專業信任而非人情綁定。

141

4. 強化內部教育與獎酬機制轉換

將業務績效與「價值導向成交」連結,鼓勵內部報案誠信,讓誠信成為組織文化的一部分。

臺灣實例:電子材料供應商的轉型實踐

臺灣某電子級化學品供應商,原先以回扣與折讓為主要成交手段,導致客戶集中度高、價格競爭激烈、毛利率波動大。自 2020 年起,他們開始推動「誠信轉型計畫」,採取以下措施:

- 建立應用技術中心,讓業務與客戶共同驗證產品性能,轉化為技術價值溝通;
- 設立「公開價值報告制度」,每季與客戶共同盤點價值創造貢獻(如產線良率提升、報廢率下降等);
- 內部業務獎金機制從「訂單金額」轉為「價值對等績效指標」。

兩年內,該公司平均毛利率提升 5%,重複訂單率由 62% 升至 83%,企業形象於半導體上游客戶間獲得高度正向回饋。

小結：
回扣消耗的是信任，價值交換建立的是長期關係

誠信不是道德口號，而是現代工業品企業競爭與合作的基本門檻。唯有讓價值回到交易的核心，讓共創取代補貼，企業才能真正從短線交易走向策略聯盟，建立高信任、高毛利、高續單的合作體系。

◇ 第四章　掌握成交力：信任、服務與人際影響力

第四節
信任行銷的工具與實踐流程

信任行銷的核心精神：
建立選擇，而非強迫選擇

信任行銷（Trust-Based Marketing）強調「先給予價值、再引導選擇」，它的本質不是說服，而是協助客戶做出更有信心與安心的商業決策。尤其在工業品領域中，決策鏈長、利害關係複雜、技術資訊不對稱，「信任」往往才是交易真正促成的關鍵。

這種行銷方式強調不是誰說得快、誰便宜，而是誰被信任、誰夠理解客戶、誰讓人放心。從接觸、溝通到成交，每一步都應環繞著一個問題：「這是否幫助客戶更了解自己？」

信任行銷的五項實務工具

1. 信任型內容矩陣

依據顧客旅程分階段設計資訊內容：

◆ 認知階段：產業趨勢觀點、應用解說動畫、技術前瞻；

- 評估階段：案例報告、常見問題解析、客戶回饋影片；
- 決策階段：TCO 模型、競品分析、風險透明承諾書、使用者推薦信。

這些內容應整合在資料庫中，供業務與行銷即時呼應提案內容，減少資訊落差。

2. 客戶對話腳本與提問引導

設計提問地圖，從開場白、角色辨識、現況盤點、需求確認、價值驗證到預期風險預判，共六階段提問節奏，協助業務從推銷邏輯轉為診斷邏輯。

提問句型如：「目前流程中，最困擾的部分在哪裡？」、「如果現在解決不了會造成哪些風險？」等。

3. 信任內容資產庫

將技術說明、案例文件、Q&A 對話、服務 SOP、維修紀錄、交付案例影片與白皮書一併建置在內部 CMS 系統中。

每份文件皆須標注應用產業、對應客戶階段、適用通路與負責部門，形成跨部門的內容流通機制。

4. 開放式數位育成平臺

設計客戶旅程地圖式入口，讓潛在客戶依自身產業、角色（工程師、採購、管理階層）選擇導覽內容。

內部以 CRM 與 Marketing Automation 連動，根據客戶停留時間、下載資料與回訪頻率進行商機等級評估。

5. 信任績效儀表板

除了量化數據，更導入質化指標：

◆ 每筆成交後是否有主動回饋
◆ 客戶在不同階段使用內容資產的比例
◆ 客戶推薦次數（透過 NPS 與客戶訪談得出）
◆ 案件中關鍵決策者與實際使用者是否一致信任

信任行銷的五階段實踐流程

1. 引起關注（Educate & Attract）

融合 SEO 策略與社群影響力，讓客戶「主動找到你」，並透過影片與免費工具建立第一印象。

2. 建立理解（Diagnose & Connect）

業務與顧問需共同參與前期訪談，進行「雙向訪談記錄」與初步價值診斷報告，協助客戶組織內部共識形成。

3. 共同定義價值（Design & Propose）

客製化提案包含：價值假設、選項評估模型、實施情境模擬，並在報告中預列客戶內部報告建議架構，協助說服其他部門。

4. 風險透明與預期管理（Clarify Risk）

加入專屬風險項目表、歷史錯誤範例與過往處理機制，表現誠信與能力的整合實力。

5. 關係延伸與價值回顧（Review & Expand）

提供客戶成功總結報告，並邀請對方參與下一波市場白皮書共創、案例聯名與展覽共演講，讓成功變成可見的信任社群基礎。

臺灣實例擴充：
高階測試設備品牌的信任行銷實驗

某品牌從 2021 年起啟動的「信任實驗室」專案，在與中科與南科園區數十家客戶建立以下制度：

- 信任分級機制（A ／ B ／ C 級別，依據交易歷史與回饋信任強度）；

◇第四章 掌握成交力：信任、服務與人際影響力

- 客戶成功經理（Customer Success Manager）制度，作為業務與工程端之間的橋梁；
- 技術白皮書邀稿制，邀請核心客戶共同撰寫並上架於行銷平臺；
- 客戶端每半年提供一份「使用信任建議回饋表」，其中包含「品牌可信度 1～10 分量表」、「服務一致性評估」等指標。

在兩年內，該品牌不僅占有率成長超過 20%，還獲得多家跨國企業的年度供應商獎。

小結：信任能制度化，行銷才會永續

信任行銷不是感覺操作，而是一種結構化的對話設計、內容生態與價值流程。當企業建立起信任資產管理體系，並將其制度化、視覺化、知識化，這種信任將不再依賴業務個人魅力，而是成為企業真正的系統性競爭力。

行銷的最高形式，不是成交，而是信任轉介紹。

第五節
客戶關係管理的誤解與修正

CRM 不是工具,而是顧客經營的鏡子

在工業品行銷中,「客戶關係管理」(CRM)往往成為企業導入數位化的第一步。但許多企業在導入 CRM 系統後,卻發現銷售效率未見提升,業務與行銷部門合作仍然困難,客戶滿意度也未改善。問題並不在工具,而在於對 CRM 的誤解與誤用。

真正的 CRM 不只是資料記錄平臺,更是一套「讓組織記得每一位客戶、每一段互動、每一項需求」的經營機制。當企業以錯誤方式理解 CRM,就容易陷入三大常見迷思。

迷思一:CRM 是業務交差用的報告工具

許多業務人員將 CRM 視為主管監控與行政交差的工具,只輸入最低限度資訊,例如聯絡紀錄與報價金額,甚至填寫時間集中在月底、季底「一次補完」。

◇第四章　掌握成交力：信任、服務與人際影響力

修正策略：

◆ 設計「雙向價值」的介面，讓 CRM 成為業務日常工作的助力，如自動提醒、推薦內容、自動產出客戶提案摘要等；
◆ 將 CRM 內容納入業績會議與策略討論資料來源，讓業務感受資訊輸入是為了自己與客戶的互動品質。

迷思二：CRM 是行銷部門的名單分派工具

部分企業行銷部門將 CRM 僅當作「收集名單後轉給業務」的中繼系統，沒有後續追蹤與分析，也無法與客戶行為數據（如網站點擊、資料下載、活動參與）整合，導致潛在商機大量流失。

修正策略：

◆ 整合 CRM 與 Marketing Automation（MA）系統，將客戶從認識、互動、評估、成交至再訪的完整旅程納入同一平臺；
◆ 為每一階段設計內容引導節奏，讓名單「活起來」而非「丟出去」。

迷思三：CRM 等於客戶關係管理

最根本的誤解在於：以為有系統就等於有關係。CRM 可以記錄資訊，但不能替你建立信任。真正的客戶關係建構，需要實體接觸、價值對話、問題解決與持續互動。

修正策略：

◆ 將 CRM 當作「關係記憶庫」，並與客戶成功團隊（Customer Success）制度搭配，定期回顧互動歷程與未解議題；
◆ 製作「關係地圖」，標示每位客戶中的角色分工、影響力排序與信任強度，並記錄每一次接觸的情境與感受。

臺灣案例：
工業冷卻系統企業的 CRM 轉型經驗

一家臺灣高端冷卻設備製造商，初期 CRM 導入後發現資料填寫率不到 40%，客戶關係改善無感，導致行銷部質疑業務效能、業務部抗拒系統更新。

2022 年起，公司啟動「CRM 再定義」計畫，包含：

◆ 推出視覺化儀表板，每周顯示客戶活動、技術詢問與報價動能指數；

◇ 第四章　掌握成交力：信任、服務與人際影響力

- 導入「價值轉換分數」，衡量每筆詢問至成交之間的價值養成貢獻；
- 設置跨部門「客戶關係小組」，每季回顧十大關鍵客戶互動紀錄與信任程度評估；
- 業務獎金部分連動 CRM 輸入品質與內容活化度。

一年內，該公司 CRM 活化率達 92%，並有 4 成以上老客戶因長期互動資料完整，而被重新放在潛在升級名單。

小結：從工具管理走向關係經營

CRM 從來就不只是系統，而是一種客戶經營文化的具象化表現。唯有讓 CRM 變成所有部門共同參與、共同思考、共同改善的互動平臺，企業才可能真正把「關係」轉化為「績效」，讓資訊不只被儲存，更能被運用，讓顧客不只是資料點，而成為永續價值來源。

第六節
服務為本的行銷創新策略

從產品導向轉向服務導向的市場邏輯

過去的工業品行銷多半以「產品功能」、「技術規格」與「報價競爭」為核心,然而隨著市場同質化加劇、客戶期望升高與數位科技滲透,單靠硬體本身已難以建立品牌差異化。

現代工業品企業若要走向高價值、長期合作與品牌認同,必須從「售後服務」升級為「服務為本」。服務不再是產品之外的附加價值,而是整個行銷體系的邏輯核心。

四個層次的服務創新策略

1. 技術支援即品牌信任的起點

提供多語系技術文件、即時線上支援、遠端維修輔助、故障追溯報告等,並建立知識庫供客戶自助。

客戶面臨緊急狀況時的回應速度與準確性,將直接影響品牌專業形象與續單意願。

2. 以顧客成功為導向的整合服務

引進 Customer Success（顧客成功）制度，不僅協助產品上線，更協助客戶達成內部績效指標，如節能降耗、效率提升等。

建立「啟動會議→中期檢視→成果報告→升級建議」的服務週期，深化合作關係。

3. 預測式與主動式服務設計

結合 IoT 與 AI 資料分析，主動提醒設備保養、零件替換與系統異常。

將服務由被動回應轉為主動預防，成為降低客戶營運風險的價值來源。

4. 服務即行銷的理念推展

每一場售後維修、每一份說明文件、每一通客服對話，都是品牌的延伸點。

設計「服務行銷 SOP」讓技術服務與業務、行銷連線，例如每次維修結束回報表內附上升級建議與滿意度調查。

臺灣案例：智慧機械系統商的服務創新

一家臺灣智慧製造方案供應商，在 2020 年後重新定義其售後團隊為「客戶成功部門」，採取以下行動：

◆ 每一個出貨客戶由一位 CSM（Customer Success Manager）對接，負責年度回顧、KPI 追蹤與應用建議；
◆ 開發服務型產品，如「效率優化包」、「模組升級顧問服務」，創造額外營收來源；
◆ 客服中心每日提供互動儀表板，供技術部、行銷部與產品部同步觀察常見問題與服務瓶頸；
◆ 年度服務報告成為續約與再銷售的主要內容，取代一般業務回報。

兩年內，其客戶續約率提升至 85%，並有超過 30% 新增訂單來自既有客戶的升級與推薦。

小結：服務是價值實現的最後一哩，也是品牌開展的第一哩

工業品企業若要擺脫價格競爭，必須從「服務補強產品」走向「產品支撐服務」。當企業願意將服務視為行銷的起

◇第四章　掌握成交力：信任、服務與人際影響力

點與價值傳遞的日常，就能在每一次接觸中創造差異，讓顧客感受被理解、被協助、被陪伴，這就是最高級的行銷。

第七節
如何建立具影響力的關鍵接觸點

接觸點是品牌落實的瞬間

在 B2B 工業品行銷中，關鍵接觸點 (Touchpoint) 是客戶對品牌感受與認知形成的第一現場。無論是官網的一段說明文字、一場技術簡報、一通客服電話或一次售後拜訪，這些看似瑣碎的瞬間，都可能是影響成交、續約、推薦與品牌評價的關鍵分水嶺。

企業若能將這些接觸點設計成高一致性、高價值感、高信任感的體驗節點，就能在高度競爭的市場中形塑差異化信任優勢。

影響力接觸點的三種特性

1. 情境關聯性高 (Relevance)

接觸內容須對應客戶當下角色與需求，避免「同一套話術對所有人講」。例如：對技術主管談數據穩定性，對財務人員談投資報酬率，對高層談風險降低與策略價值。

◇ 第四章　掌握成交力：信任、服務與人際影響力

2. 體驗節奏順暢（Seamless）

從網頁到簡報、從報價單到客服回覆，語言風格一致、資訊無斷層，讓客戶感受到流程設計有邏輯、有照顧、有安排。

3. 情感可信任感高（Trustful Tone）

業務與技術人員表達專業而誠懇，面對風險不避重就輕，主動提出預警與處理方案，讓客戶「感覺你站在他這邊」。

設計高影響接觸點的策略方法

1. 繪製關鍵接觸地圖（Touchpoint Map）

依照客戶旅程階段（認知→評估→選擇→交付→維運），列出每一個客戶可見、可感的互動節點，並設定接觸目標與訊息主軸。

2. 內容與行為雙軌設計

除了提供資訊，也要設計人員行為，例如客服回覆語氣、簡報開場問句、拜訪後跟進節奏與文字表達風格。

3. 情境模擬與內部演練

定期進行模擬拜訪、客服通話模擬、展場問答實戰，由行銷與客服部門共同評分並優化流程。

4. 資料收集與經驗學習系統化

建立「接觸回饋系統」，記錄客戶每一個反應與互動紀錄，並定期進行內容疊代與話術調整。

臺灣案例：自動化元件品牌的接觸設計

某臺灣本地自動化設備零組件供應商，在推行品牌升級計畫時，將「接觸設計」列為核心重點。具體做法如下：

- 為業務開發三種腳本模板：首次接觸簡介、問題診斷型提問、技術簡報導覽；
- 設計一套電子提案套件，包含 PDF、動態影片、模擬報價表與常見問題回應表，提升資訊清晰度；
- 客服部門建立「三分鐘反應機制」，並標準化開場語與回覆流程；
- 展覽活動由業務與工程師雙人組參與，現場使用「一問一答說服卡」進行互動引導。

推行一年後，該品牌的潛在客戶初次接觸轉化率由 12% 升至 21%，在第三方問卷中「品牌專業感」與「資料理解度」兩項指標皆進入產業前三名。

◇第四章　掌握成交力：信任、服務與人際影響力

小結：品牌不是做出來的，是感受出來的

真正的品牌力，不在於 Logo 設計或廣告聲量，而在於每一次與客戶的接觸是否被感受到「值得信任、值得持續、值得推薦」。當企業願意系統化經營接觸點，就能讓行銷變得可預測、可複製，也可永續。

第八節
大客戶經營與決策鏈分析

工業品成交的本質是團隊對團隊的合作

在 B2B 工業品市場中，大客戶經營 (Key Account Management, KAM) 並非單一對象的關係維繫，而是「多角色、多部門、多階段」的跨層級互動過程。這些企業客戶內部通常包含採購、技術、營運、財務與高階決策者，各有重點、評估邏輯與影響權限。

若企業仍採用「單點業務關係」或「單一窗口投案」的方式，就容易造成資訊誤解、提案失焦或提案在客戶內部卡關。因此，理解決策鏈 (Decision Chain) 與影響結構，是工業品行銷成敗的核心要素。

決策鏈的五大關鍵角色

1. 使用者 (User)

實際操作產品的人，關注便利性、穩定性與維修性。

2. 技術審查者 (Evaluator)

如工程師、技術部主管，評估規格相容性、系統整合與可靠性。

3. 財務影響者 (Finance Gatekeeper)

如採購、財務經理，主導預算編列與投資報酬率評估。

4. 內部倡議者 (Champion)

內部支持本方案的人，通常為業務端或技術端負責人，是提案能否推動的關鍵。

5. 決策者 (Decision Maker)

最終核准者，如處長、副總、董事會成員等，需看整體策略配適與風險管控。

三種錯誤的提案策略

(1) 只對一人提案：忽略其他關鍵角色意見，導致提案內容無法跨部門說服。
(2) 假設客戶內部立場一致：未分析部門之間的潛在衝突（如採購希望壓價，技術希望高規格）。
(3) 未建立跨層級信任鏈：對上層決策者無接觸，導致提案最終階段失速，因「缺乏高層共識」。

高效大客戶經營策略建議

1. 繪製決策地圖（Decision Map）

標出每個參與者的部門、關注點、影響力大小與立場傾向，進行溝通策略分類。

2. 建立多對多接觸機制

由業務對接採購、顧問對接技術、主管對接決策者，形成企業對企業的立體溝通矩陣。

3. 建立內部支持者關係

辨識並鞏固內部倡議者，提供其提案素材、論點與支持資料，協助其在公司內部推動案子。

4. 分層內容與說服材料

為不同角色製作專屬內容，如：

◆ 技術白皮書與安規認證文件（給技術部門）
◆ 成本分析與效益預測報表（給財務部門）
◆ 案例影片與外部顧問推薦信（給高層決策者）

◇ 第四章　掌握成交力：信任、服務與人際影響力

臺灣案例：
自動控制系統供應商的決策鏈精準提案

某工控廠商在開發一家大型食品製造業的自動化生產專案時，初期提案一直在技術主管階段打轉，無法取得預算通過。後來他們改變策略：

- ◆ 分析客戶內部結構後，建立 7 位關鍵角色決策圖；
- ◆ 為每位關鍵人設計客製化簡報版本與問答備忘清單；
- ◆ 派出三人小組進行四回合提案，分別由技術、業務與營運主管出席，對應不同角色需求。

最終該案成功獲得決策層拍板，並在一年內擴展為三座工廠系統升級專案，總案值提升至原本的三倍。

小結：
大客戶關係不是拜訪密度，而是影響策略

在複雜決策結構的工業品市場中，真正的關鍵不是「是否熟」，而是「是否影響到正確的人，以正確的方式」。唯有將提案策略從單點說服轉為系統溝通，從產品導向轉為角色導向，企業才能真正掌握大客戶經營的邏輯，實現規模化、系統化、長期化的合作成果。

第九節
案例：GE 如何透過信任累積打進全球市場

GE 的國際信任布局邏輯

奇異（General Electric, GE）作為全球製造與能源科技的代表企業，其成功不僅來自技術實力，更來自長年累積的信任策略。GE 能夠在跨國基礎建設、政府合作與企業採購案中穩居首選，其背後核心關鍵是「品牌信任值」與「跨文化信任管理」能力。

GE 長期奉行「客戶價值即公司價值」（Customer Value = Company Value）策略，將信任經營內建於其行銷、銷售與企業文化之中，並以三大原則實踐於全球市場：

(1) 持續教育：提供市場與技術知識，降低客戶決策風險；
(2) 高度透明：無論是技術限制、財務方案或交期狀況，皆主動溝通；
(3) 在地合作：不僅惠及銷售，更建立本地團隊與客戶共創價值。

◇ 第四章　掌握成交力：信任、服務與人際影響力

信任累積的五項實踐方式

1. 價值共創工作坊（Value Co-Creation Workshop）

GE 在大型基礎設施提案前，常主動邀請客戶部門舉辦共創研討會，討論目標、挑戰與成果定義，建立合作前的信任地基。

2. 技術與業務雙主軸提案體系

在歐亞市場推動「雙角色簡報」（Dual-Leader Pitch），由技術總監與商務經理共同報告，顧及信任感與執行細節，消除部門溝通落差。

3. 長期回顧與改善機制

對於已成交的大型專案，GE 設有「Post-Project Review」流程，與客戶進行價值總結、風險回顧與再合作建議，建立延續合作的信任平臺。

4. 在地決策權下放與技術授權

在臺灣、印度、越南等市場，GE 設立技術支援中心與在地製造基地，強化即時回應能力與本地信任認同。

5. 信任資產視覺化內容建構

建立案例地圖、可信任時間線（Trust Timeline）、多角色推薦信模板與品牌行為準則白皮書，協助業務進行信任傳遞與策略溝通。

GE 在臺灣的信任經營實例

GE 於臺灣的能源與醫療設備市場深耕多年，在與台電、國衛院與醫學中心的合作中，展現高度客製與長期支持精神。例如：

◆ 與台電合作智慧電網推廣，提供透明的成本回收模型；
◆ 與臺大醫院建立遠距診斷中心聯合營運機制；
◆ 在重大設備交付後，安排兩年內固定檢修與人才培訓。

這些實踐讓 GE 不只是供應商，而是轉化為具「陪跑者」角色的信任品牌。

小結：
信任不是贏在起跑點，而是穩定跑完全程

GE 的信任經營策略顯示：在全球複雜且多變的商業市場中，唯有將信任內建為制度、轉化為流程、展現為內容，

◇第四章　掌握成交力：信任、服務與人際影響力

企業才能在一次次提案與交付中累積無形資本,進而建立一種「選擇你會安心」的市場認知。

第十節 案例：日立在東南亞的顧客關係經營方式

日立信任策略的區域適應性

日立製作所（Hitachi）在東南亞的布局早自 1970 年代便已展開，橫跨電梯、空調、基礎建設、能源、交通與工業自動化等領域。面對文化背景複雜、語言多元與制度差異顯著的東南亞市場，日立並未採取單一路線的競爭策略，而是打造一套可複製、可在地化的「信任架構系統」。

其核心原則是：「以關係為起點、以服務為紐帶、以共創為核心」，不僅重視交易本身，更強調彼此的合作歷程與價值認同。日立深知，東南亞國家的客戶關係建立並非單靠技術說服或價格競爭，而需時間、文化理解與組織記憶的共同經營。

因此，日立在東南亞區域將信任經營拆解為三層架構：

- 在地社群信任（Local Embeddedness）
- 專業合作信任（Technical Credibility）
- 長期制度信任（Institutional Continuity）

◇第四章　掌握成交力：信任、服務與人際影響力

日立的信任三層行動策略

1. 在地人才與社群網絡布建

在馬來西亞、印尼、越南與菲律賓皆設立本地分公司，並以當地語言招募技術、客服與銷售專員，強化文化理解與溝通可信度。

積極參與地方工程師協會、學術論壇與公共研討活動，並與多所理工大學合作開設技術工作坊，逐步建立日立品牌於社群中的可信專業地位。

在文化敏感度高的地區，如印尼與泰國，配置具宗教文化背景理解的顧問與接待人員，展現尊重與理解。

2. 混成型服務模式 (Hybrid Field Engagement)

將銷售、工程與維護團隊編制成「多角色支援小組」，針對大型專案進行一站式提案、實地評估、模擬設計、安裝與培訓，減少訊息誤差與責任落點模糊。

搭配雲端平臺整合保固追蹤、系統升級建議、操作教學與回饋機制，讓客戶於整個產品生命週期內感受到透明性與可預測性。

每一位業務必須完成「服務協作演練計畫」，與現場技術人員共同完成一日模擬支援案例，提升跨職能信任感。

3. 區域專案回顧與合作深化機制

每年於泰國、越南與新加坡定期舉辦「客戶共識年會」與「產業服務日」，邀請當地重要客戶、政府代表與國際合作夥伴，共同回顧年度交付成果、挑戰點與下一年度合作願景。

建立「回顧－共識－共創」三步驟會議架構，提出共同解決方案白皮書，並納入客戶意見與區域發展趨勢，作為來年策略設計的參考。

實例聚焦：日立電梯在越南市場的關係經營

日立電梯於 2010 年代進入越南市場初期，並未以價格競爭為主，而是採取「信任＋服務」為主體的策略邏輯：

- 與越南工程師公會簽署合作備忘錄，每年協助 100 名技術人員完成實作培訓與認證；
- 為河內市中心三座公共建築專案免費延長一年維修保養期，提供超預期支援，強化「照顧式服務」品牌感；
- 向投資機構與開發商提出視覺化維運預測報告，設計「生命週期成本透明圖表」，成為決策依據工具；
- 每半年舉辦一次「用戶聯誼與共治座談會」，邀請客戶共同提出服務改善建議並由日立即時承諾調整方案。

◇第四章　掌握成交力：信任、服務與人際影響力

　　推動策略三年後，日立電梯在越南市占率由14%成長至22%，並成為越南交通部與多省公共工程首選合作品牌。日立也獲得「亞洲永續品牌貢獻獎」表彰其在在地信任構築上的長期貢獻。

小結：
用制度寫信任，用時間養關係，用行動創差異

　　日立在東南亞的成功顯示，跨文化的信任不是靠語言或價格，而是靠制度化的服務行為、長期性的關係陪伴與真誠性的技術互動。真正的品牌競爭力，來自於被信任、被選擇、被傳頌的內部邏輯。而這種信任，來自於「在地的行動」與「跨部門的設計」。

　　當企業願意從在地理解做起，從服務透明做起，從共創價值出發，信任自然不是目標，而是結果。

第五章
品牌工學：
形塑工業品品牌的黃金法則

◇ 第五章　品牌工學：形塑工業品品牌的黃金法則

第一節
品牌在工業品中的價值角色

在消費性產品的行銷中，品牌的意義早已深植人心，它代表著信任、品質、情感與文化價值。然而在傳統觀念中，工業品被認為是「理性決策導向」的市場，價格、技術與功能才是買方在意的核心，品牌似乎不具主導地位。但這樣的認知在近年來已經大幅改變。

隨著工業品市場的成熟與全球化競爭加劇，品牌在 B2B 市場中的價值逐漸浮現出來。品牌不再只是企業辨識的工具，更成為建立客戶關係、降低交易風險、強化信任機制的關鍵資產。知名品牌可以加速成交決策，降低後續服務成本，並為企業帶來溢價能力。

品牌影響 B2B 購買決策的三個層面

工業品品牌的價值展現在三個層面：

1. 認知簡化與風險降低

在面對高技術複雜度與重大資本投入的採購決策時，決策者普遍傾向選擇品牌信譽佳的供應商。根據《哈佛商業評

論》2021 年的調查,超過 63％的 B2B 決策者表示「品牌聲譽」是他們篩選廠商時的前五大考量之一。

2. 品質保證與服務預期

　　品牌建立在一致性與可預期性之上。對於工業用戶來說,品牌象徵著穩定的品質與可靠的售後服務,這種心理預期減少了交易雙方在品質認證與技術協商上的時間與成本。

3. 建立情感連結與長期關係

　　即使在理性導向的工業市場中,人際互動仍是業務往來的重要因素。品牌賦予產品人格與文化價值,進而形成企業間長期合作的情感基礎。例如:丹麥工業設備商丹佛斯(Danfoss)在 2020 年重整品牌訊息後,提升了客戶黏著度與年度續約率。

3M 的品牌經營經驗:跨越領域的創新代表

　　3M 可說是工業品品牌塑造的經典案例。該公司自 1902 年創立以來,透過持續的創新與跨產業應用,建立了強烈的品牌價值。無論是在醫療、防護、電子材料、或車用產品領域,3M 皆維持一致的品牌承諾:「科技改善生活」。

　　根據 3M 官方 2023 年全球品牌調查報告顯示,在其 50

個主要市場中,有高達 89% 的企業用戶表示對 3M 品牌抱持高度信任,尤其在防疫期間,其 N95 口罩與消毒系列產品,成為品牌信譽的代表。

3M 品牌的成功來自三大核心策略:

- 持續投入研發(每年營收的 6% 投入創新研發)
- 建立跨事業部門的品牌一致性
- 注重 B2B 顧客經驗與服務的品牌延伸

工業品品牌在臺灣市場的實證

臺灣作為出口導向型經濟體,其工業品品牌的國際化經驗值得探討。以台達電子為例,該公司從電源供應器起家,發展至今涵蓋智慧建築、自動化與儲能系統等領域,其品牌理念「Smarter. Greener. Together.」明確表達企業對節能永續的承諾。

根據《天下雜誌》2022 年針對臺灣 B2B 品牌影響力的調查,台達電子連續五年被列為製造業中「最受信賴品牌」前五名之一,尤其在歐洲市場的品牌信任度顯著提升。這背後並非單靠產品技術,而是透過一致性的品牌管理、全球展會曝光與在地服務體系所打造的成果。

◇ 第一節　品牌在工業品中的價值角色

品牌即資產：無形中創造可衡量的價值

品牌不僅是一種行銷手段，更是一種無形資產。根據 Interbrand 的 Best Global Brands 2023 報告，B2B 企業如 IBM、GE 與西門子 (Siemens) 等，其品牌價值皆可轉化為具體的財務數據。西門子透過其「Ingenuity for life」品牌主張，在 2022 年獲得全球工業品牌信任度排行第二名 (僅次於 Honeywell)。

更值得注意的是，許多工業品牌開始將品牌導向指標納入企業 KPI 管理，包含品牌知名度、品牌關聯性與品牌信任指數，這些皆為市場預測與營運決策的重要參數。

小結：品牌是工業品行銷的起點與終點

總結而言，品牌在工業品市場中所扮演的角色，已從傳統的辨識符號，轉變為貫穿顧客旅程與企業策略的核心元素。從產品設計到售後服務，從業務拜訪到技術諮詢，每一個觸點都是品牌形象的建構與實踐場域。

在 B2B 領域，品牌所創造的價值，不只是提高能見度，更是建立信任、降低風險、強化關係的最佳工具。未來的工業品行銷若欲實現可持續成長，品牌將是不可或缺的起點與終點。

◇第五章　品牌工學：形塑工業品品牌的黃金法則

第二節
建構品牌價值鏈的五大步驟

品牌價值鏈的概念基礎

　　品牌價值鏈（Brand Value Chain）是一套分析企業如何創造、傳遞並維持品牌價值的系統性方法，最早由凱勒（Kevin Lane Keller）與萊曼（Donald R. Lehmann）在2003年提出，強調品牌不是單一行銷活動的產物，而是整體企業經營過程中所累積的綜效結果。對於工業品企業而言，價值鏈不僅是內部流程的規劃工具，更是與市場建立連結的橋梁。

　　在B2B市場中，品牌價值的傳遞不僅依賴推廣手段，更仰賴每一個商業接觸點的信任建構。因此，建立品牌價值鏈是一項跨部門、長期性且需持續調整的策略行動。有效的價值鏈能夠強化品牌一致性、提升顧客滿意度，並創造差異化競爭優勢。

步驟一：市場研究與需求洞察

　　品牌策略的根基是對市場的深度理解。對於工業品企業而言，市場研究應不僅止於數據蒐集，更需針對客戶痛點、

產業趨勢與競品布局進行洞察分析。例如：德國工具機製造商 TRUMPF 於 2021 年重構其品牌架構前，進行了橫跨十國的產業訪談，深入了解客戶在自動化轉型下的需求與困惑。

透過定性訪談與定量調查相結合，企業得以描繪出準確的「顧客決策歷程地圖」，為後續的品牌定位與溝通策略提供基礎。同時，也能明確界定品牌所欲解決的問題範疇，形成有力的品牌主張。

步驟二：品牌定位與價值主張

定位是一種取捨，也是一種聚焦。對於工業品企業而言，品牌的價值主張應清楚界定「我們解決什麼問題」與「我們為誰而存在」。像施耐德電機（Schneider Electric）便清楚將自己定位為「能源管理與自動化的數位轉型領導者」，其品牌核心主張「Life Is On」不僅口號簡潔有力，更與其產品與服務緊密結合。

品牌定位的建立應考量三大維度：市場趨勢（外部動因）、企業能力（內部基礎）、顧客需求（真實價值）。若缺乏聚焦與明確性，品牌將淪為模糊不清的形象，難以在競爭中脫穎而出。

◇第五章　品牌工學：形塑工業品品牌的黃金法則

步驟三：品牌辨識系統設計

　　品牌辨識不僅僅是企業的標誌，而是一套可被市場感知、理解與記憶的視覺語言與象徵體系。這包括品牌名稱、標誌、字體、色彩、聲音甚至材質質感等辨識元素。工業品企業常見的錯誤在於將辨識設計視為設計部門的任務，忽略了與品牌核心理念的連結。

　　例如：台達電子於2019年導入「Delta Blue」標準色系後，全面更新其展會攤位、簡報範本與產品外觀，成功提升其品牌辨識一致性與視覺信任感。透過品牌辨識管理手冊（Brand Guideline）統整設計規範，是建立價值鏈一致性的第一步。

步驟四：品牌傳播策略部署

　　品牌的價值若無有效傳遞將難以被市場認知。工業品企業應透過整合行銷溝通（IMC）策略，系統性規劃品牌訊息的發送通路與內容設計。這包括：網站內容、業務簡報、參展活動、公關媒體與數位平臺經營。

　　以研華科技為例，該公司於2022年啟動全新的內容行銷計畫，透過LinkedIn與YouTube頻道定期發表智慧工廠應用案例影片，成功將技術敘述轉化為市場語言。這種知識型內容不僅強化品牌專業形象，也促進潛在客戶轉換率的提升。

步驟五：品牌績效管理與調整機制

品牌價值鏈的最後一環是評估其實施成效，並根據環境變動進行優化調整。常見的品牌績效指標包括：品牌知名度、品牌偏好度、NPS（淨推薦值）、網站訪客回訪率、業務端成交週期變化等。

品牌資產不只是形象建構，更需轉化為商業成果。西門子於 2023 年內部評估發現，其工業自動化事業部品牌忠誠度下降，遂即啟動品牌溝通專案，針對關鍵客戶進行品牌再認知推廣與深度互動。

品牌價值鏈的建立並非一蹴可幾，而是一場需要持續投入、跨部門合作、策略彈性的長程戰役。唯有在正確步驟下有系統地推動，工業品品牌方能由內而外形塑出一致性與高價值的市場認知。

◇第五章　品牌工學：形塑工業品品牌的黃金法則

第三節
工業品品牌的定位策略

品牌定位的本質：在複雜市場中取得心智優勢

品牌定位（Brand Positioning）是指企業在目標客戶心中建立獨特而清晰印象的策略性行為。根據行銷學者凱勒（2020）的定義，品牌定位是「品牌試圖占據目標市場心智中一個有意義的位置，並與競爭品牌區隔」。這一概念在工業品領域尤為重要，因為工業品買方通常為理性、專業與風險敏感的決策群體。

與消費性產品不同，工業品品牌面對的不是大眾，而是高度細分、需求複雜且注重技術細節的客戶。唯有透過清楚的定位策略，才能在茫茫競爭中脫穎而出，贏得客戶的首選地位。

工業品定位的三大核心構面

1. 功能價值的明確承諾

功能價值是工業品品牌的基礎，涵蓋產品品質、穩定性、技術規格與效率表現。例如：博世力士樂（Bosch Rexroth）

在液壓與自動化市場中，其定位即為「精準與穩定的動力控制解決方案提供者」，使得其產品在工業應用中具備高可信度與穩定合作基礎。

2. 解決方案導向的角色塑造

許多工業品牌已從單純產品供應商轉變為「問題解決者」（Solution Provider）。像美國的洛克威爾自動化（Rockwell Automation）即強調「協助企業實現智慧製造」，其品牌價值來自整合解決方案與數位轉型能力，而非單一機電產品。

3. 專業信任與技術領導形象的建立

工業品買家經常需進行長期合作與技術整合，因此品牌的技術領導力與產業專業度成為關鍵。施耐德電機透過其 EcoStruxure 平臺展現在能源管理的數位領導力，其定位從傳統硬體供應商轉型為「可持續能源解決方案的技術引導者」。

工業品品牌定位流程模型

品牌定位需系統性地執行，以下是五個推薦步驟：

(1) 顧客洞見：從產業訪談、KOL 回饋、競品觀察中萃取目標市場的核心需求。

(2) 競爭分析：釐清市場既有品牌的定位空缺，找出自身差異化優勢。
(3) 核心承諾設計：提出明確的一句話價值主張 (e.g., "We engineer reliability.")
(4) 價值佐證準備：以技術實證、服務案例與客戶見證來佐證品牌主張。
(5) 跨通路一致推廣：從業務簡報到技術手冊，確保每個溝通管道展現一致品牌語言。

案例分析：研華科技的智慧應用定位策略

研華科技（Advantech）在近年大力發展其 WISE-IoT 平臺，並明確將品牌定位於「物聯網應用的合作推動者」。透過與系統整合商（SI）合作，建立共同開發與品牌共創機制，研華不再僅僅銷售硬體模組，而是打造出一套能夠快速部署的場域應用生態系統。

此定位策略的成功，不僅提升其在智慧製造、智慧交通等垂直領域的覆蓋率，也增強了其品牌價值與議價能力。2023 年該公司在東協市場的品牌知名度提升近 20%，為其國際化進程奠定良好基礎。

小結：清晰定位是品牌長期競爭的基石

在資訊爆炸、選擇眾多的 B2B 市場中，若無清楚定位，品牌將難以建立持久認知。唯有透過功能價值、解決方案與專業信任三者結合，並由策略性定位模型貫穿內外溝通，方能使工業品品牌在決策者心中穩定扎根。品牌定位不僅是溝通語言的設定，更是企業價值觀與市場承諾的宣示。

◇第五章 品牌工學：形塑工業品品牌的黃金法則

第四節
品牌辨識系統的建立與運用

品牌辨識在工業品中的角色

在消費市場中，品牌辨識系統常與視覺設計劃上等號。然而在工業品行銷中，品牌辨識扮演的角色不僅限於視覺符號，更是一套結構性的品牌語言，用以傳達企業的專業性、穩定性與技術實力。品牌辨識系統（Brand Identity System）是一個整合的架構，涵蓋品牌名稱、標誌、色彩規劃、口號、字體系統、聲音、甚至材質觸感等，目的是為了建立一致且可辨識的品牌印象。

根據 Kapferer（2012）所提出的品牌身分六角模型（Brand Identity Prism），企業若能系統性地管理品牌辨識，有助於顧客建立品牌認知與信任感，並在高度競爭的 B2B 市場中，維持差異化與溝通一致性。

建立品牌辨識的五大要素

1. 品牌標誌與企業標準色（Logo & Corporate Colors）

品牌標誌是品牌辨識的核心。工業品牌應特別重視其圖形與色彩的專業感。例如：ABB 的紅白配色傳遞出科技與能源的穩定性與能量。顏色不只是設計美感，更是品牌印象的情緒觸媒。

2. 品牌口號與語言風格（Tagline & Tonality）

工業品企業通常在 B2B 簡報或產品型錄中使用技術語言，但若能有一致且具辨識性的語言風格，能更有效傳遞品牌承諾。像研華科技以「溫暖地球的推手」（Enabling an Intelligent Planet）為口號，即清晰傳遞其在智慧應用上的品牌願景。

3. 產品外觀與包裝一致性（Product Design Language）

雖然工業品多數不以消費性包裝呈現，但其機臺外觀、控制面板、產品標貼等，皆是品牌辨識延伸的一環。以臺灣的上銀科技為例，其產品線皆維持一致的銀灰金屬質感與紅色字樣標貼，已成為品牌辨識的特徵之一。

◇ 第五章　品牌工學：形塑工業品品牌的黃金法則

4. 空間與環境辨識設計（Spatial Branding）

工業品牌在參展、門市、技術展示中心或企業總部等物理空間中，應建立一致的視覺語言。例如：施耐德電機在全球技術展示中心皆使用「綠白交錯」的色彩搭配與開放式展示設計，傳遞其環保與科技並重的形象。

5. 品牌辨識應用手冊（Brand Guideline）

工業品品牌辨識往往牽涉到全球分公司、代理商與系統整合商，因此建立一套明確的品牌辨識應用手冊是不可或缺的。內容包含 Logo 比例限制、標準字體使用、展示攤位設計規範與業務簡報模板格式等。

品牌一致性的價值與挑戰

品牌一致性（Brand Consistency）是工業品品牌管理的核心原則。根據 Forrester 於 2022 年的研究報告指出，B2B 品牌在不同接觸點上的一致性，與其顧客忠誠度呈正相關。對於工業品而言，從業務簡報、型錄、報價單到現場工程師的制服，每一個細節都是品牌承諾的一部分。

然而，品牌一致性的維持在多國市場與多語言溝通下，面臨極大挑戰。企業需透過內部教育訓練、品牌管理平臺

（如 Frontify、Bynder）與區域品牌管理人員制度，確保辨識系統在全球一致執行。

案例分享：西門子如何重塑品牌辨識系統

2020 年起，西門子集團啟動全球品牌辨識重整專案（Siemens Brand Refresh），希望將其傳統工業硬體品牌形象轉型為數位科技領導者。該計畫內容包括：

- ◆ 統一全球網站樣式與產品命名原則
- ◆ 推出新版標誌與品牌口號「Transform the Everyday」
- ◆ 建立品牌應用平臺，提供所有子公司與外部合作夥伴辨識資源

此舉不僅提升品牌辨識度，更協助西門子拓展軟體、雲端與數據解決方案的業務線，使品牌形象與新業務方向對齊。

小結：品牌辨識是品牌價值的視覺延伸

在工業品行銷中，品牌辨識系統是一種不可忽視的策略資產。它不僅建構顧客對品牌的第一印象，更是品牌承諾與文化的視覺載體。唯有建立系統化、可延續、跨通路一致的

◇第五章　品牌工學：形塑工業品品牌的黃金法則

辨識系統，才能讓工業品品牌在技術與理性之外，也擁有觸動人心的形象力。

第五節 技術與服務的品牌化操作

工業品行銷的新趨勢：技術與服務不再是附屬品

在傳統的工業品銷售中，技術往往被視為產品的內在特性，服務則被認為是售後的附加價值。然而，隨著市場競爭升級與顧客期望提高，「技術」與「服務」本身正轉變為可被獨立行銷與品牌化的價值主體。

技術品牌化（Technology Branding）是指企業透過明確的技術命名、專利溝通與案例導入，將核心技術視為品牌資產的一部分。例如 Intel 的「Intel Inside」即是一種對晶片技術的品牌化行銷。服務品牌化（Service Branding）則是將售前、售中與售後流程中的支援能力，透過標準化操作與情感連結，建構為可辨識的品牌經驗。

◇ 第五章　品牌工學：形塑工業品品牌的黃金法則

技術品牌化的實踐模式

1. 命名與視覺辨識

技術若要被市場記住，需具備可命名性。例如西門子的 SIMATIC 平臺、台達電的 DIACloud 雲端架構，透過清楚的命名與視覺圖標，將抽象技術具象化，利於行銷推廣。

2. 專利與認證的公開策略

技術品牌化並非神祕化，而是清楚標示關鍵能力。施耐德電機於其自動化控制系列產品中，針對每一技術模組皆列明符合 IEC 與 ISO 標準，並以影片說明其原理，降低潛在顧客的不確定性。

3. 跨部門技術敘事（Tech Storytelling）

技術人員與行銷團隊合作，將複雜技術以場景化敘述方式表達，例如：ABB 於 2022 年推出的智慧馬達保養服務，就以工廠停機成本對比法，突顯其預測保養的效益，強化技術價值。

第五節　技術與服務的品牌化操作

服務品牌化的三大策略

1. 標準化服務流程（SOP Branding）

工業品客戶對可靠性極為敏感，因此企業應將技術服務流程標準化並視覺化。像研華科技針對其 IoT 解決方案，建構三階段式服務架構：預診斷、現場布建、遠端維運，並由專屬人員負責執行，賦予服務一致性。

2. 情感關係與品牌語言一致性

即使是 B2B 市場，人際信任與服務語言依然重要。例如上銀科技於 2023 年導入「工程師品牌大使」制度，將部分高階技術服務人員形象化、故事化，強化品牌與客戶之間的信賴關係。

3. 資料驅動與即時互動

透過 IoT 與 AI，服務品牌可提供即時回報與主動預警。台達電在智慧樓宇系統中，提供客戶即時能耗分析報告與維護建議，建立出服務可見性，增強品牌承諾的可驗證度。

第五章　品牌工學：形塑工業品品牌的黃金法則

案例分析：
Honeywell 如何打造「服務型技術品牌」

Honeywell 在工業自動化與智慧製程領域，逐步將其核心技術整合進一套名為 Forge 的服務平臺。該平臺不僅具備設備整合能力，更強調 AI 預測、遠端診斷與自主優化，其整合性的命名與介面設計使其不僅是一項技術，更是一個品牌體驗入口。

透過這種整合策略，Honeywell 成功讓客戶對技術信賴延伸至整體合作流程。2022 年其 Forge 平臺在歐洲與亞洲的業務成長率超過 17%，顯示服務品牌化已成為工業品品牌資產的一環。

小結：從技術實力到品牌體驗的轉化

工業品企業若欲突破價格競爭與功能模仿，需跳脫「產品導向」的思維，將「技術與服務」視為可以被經營、被命名、被傳遞的品牌元素。唯有將這些隱性價值顯性化，才能在競爭激烈的市場中創造無法輕易取代的品牌體驗。

第六節
品牌與組織文化的關聯

品牌與組織文化的交互建構關係

品牌不只是對外的市場符號，它同時也是對內的文化展現。根據《哈佛商業評論》(2020)的研究指出，企業若能將品牌價值內化為組織文化的一部分，不僅能提升員工認同，更能確保對外溝通的一致性與真誠性。在工業品市場中，品牌經常涉及高信任關係與長期合作，而這種信任感往往來自於企業內部文化的落實程度。

組織文化是企業價值觀、行為模式與決策邏輯的總和，而品牌則是這些文化對外的延伸呈現。當品牌與文化一致時，顧客感受到的不只是標語與 Logo，而是一種可持續信賴的價值主張。這種「由內而外的品牌策略」正是工業品牌創造差異化與忠誠度的關鍵所在。

此外，組織文化與品牌的互動也具有強化品牌信譽與降低行銷成本的潛力。當員工認同企業的品牌理念並主動傳遞時，品牌影響力將不再局限於行銷部門，而能擴散至整個組

◇ 第五章　品牌工學：形塑工業品品牌的黃金法則

織甚至外部的客戶生態圈，形成一種「文化驅動行銷」的模式，讓品牌的溝通與實踐形成正向循環。

品牌文化整合的三大策略

1. 價值觀共構與明文化

工業品企業應將品牌價值觀與內部文化進行明確對齊。例如：丹麥工程集團 Grundfos 在品牌更新時，將「永續、水資源、責任」三大品牌理念融入其內部績效管理、職能發展與員工訓練中，使所有員工理解品牌承諾與工作實踐之間的關聯，並提升價值認同感。

2. 內部溝通與文化使者制度

品牌落實的關鍵是溝通機制的建構。像台達電子於 2021 年啟動內部「品牌故事大使」計畫，挑選來自不同部門的員工進行品牌工作坊與共創提案，並透過內部影音、簡報與經驗分享形式推動品牌理念，再由這些代表將品牌核心轉譯為部門語言，有效促成跨部門文化共鳴與行為一致。

3. 以文化導向的決策架構設計

若企業文化強調客戶導向、創新或責任，則品牌溝通亦應反映此價值。例如施耐德電機長期強調「永續轉型領導

者」的角色,其內部產品開發流程、供應鏈優化策略與 ESG 報告設計,均與品牌價值一致,使品牌成為決策邏輯的一部分,而非僅止於包裝語言。

案例分享:
3M 如何讓品牌理念內化為企業文化

3M 的企業文化長期以創新、開放與責任為核心,而這些文化價值與其品牌主張「科學,應用於生活」(Science. Applied to Life.)完全一致。公司允許技術人員將 15% 工作時間用於自由研究,這項制度並非單純的人資政策,而是一種品牌文化的實踐,展現公司對創新與自主性的高度重視。

此外,3M 每年會舉辦全球內部創新成果發表會,並以品牌標準進行評選與發表,使內部創新與品牌方向彼此結合。該公司亦設有品牌價值訓練營,由資深員工帶領新人認識品牌發展歷程、價值觀變遷與全球行銷實例,藉此提升員工對品牌的歸屬感與表達意圖。這種從內部文化延伸出的品牌意識,讓 3M 在全球工業市場中保持高度一致的品牌形象,也大幅提升其全球員工參與度與品牌忠誠度。

◇ 第五章　品牌工學：形塑工業品品牌的黃金法則

工業品企業的文化診斷建議

工業品品牌要建立穩定的文化支持系統，必須先從組織內部進行文化診斷，建議可從以下三個面向切入：

1. 語言與行為的一致性

檢視內部常用語言是否與品牌溝通一致，例如「我們關心永續」是否真正反映在每日營運中，包括會議用語、內部報告與教育訓練中皆應一致。

2. 組織儀式與象徵物

品牌文化是否反映於內部活動與象徵，如定期品牌分享會、員工表揚活動是否強調品牌價值、辦公室視覺布置是否展現品牌理念。

3. 激勵機制與價值導向

員工的升遷與表現評估是否與品牌價值對齊，例如是否將「創新」、「客戶導向」、「責任意識」納入績效指標，並予以具體獎勵與表揚。

透過這些指標檢視企業文化，可幫助工業品企業發現品牌與文化的落差，並設計具體的文化介入計畫，包含教育訓練模組、部門共創任務與領導者代言計畫等，確保品牌價值從組織底層穩定扎根，形成長期競爭優勢。

第六節　品牌與組織文化的關聯

小結：品牌的力量來自文化的實踐

　　品牌不應只存在於行銷部門的口號中，而應深植於企業的制度、語言與行動中。對工業品企業而言，唯有讓品牌成為文化的一部分，才能真正建立長期的市場信任，並形塑無形資產的持續影響力。品牌是一種文化實踐的外顯結果，文化則是品牌得以存續與擴張的根源。當品牌與文化兩者融合、共構、協同運作時，企業將不僅具備市場競爭力，更能獲得來自員工與顧客的雙重認同。

◇第五章　品牌工學：形塑工業品品牌的黃金法則

第七節
品牌資產管理與績效衡量

品牌資產的意涵與工業品視角下的再定義

　　品牌資產（Brand Equity）通常被定義為顧客對品牌產生的正面聯想與價值總和，這些價值最終展現在品牌的市場地位、顧客忠誠度與溢價能力上。在工業品市場中，品牌資產不只是行銷概念，更是企業競爭力與技術信譽的延伸。工業品的採購流程通常較長，涉及複雜決策鏈，因此品牌資產除了影響第一次成交，更對重複採購、維運契約、策略夥伴關係與全球拓展產生深遠影響。

　　工業品品牌所累積的資產，不僅代表市場認同，更反映出企業長期在技術、服務、合作信任上的投入成果。不同於消費性產品對於廣告曝光與情緒共鳴的依賴，工業品品牌多以技術專業、問題解決能力與服務完整度為核心價值來源。因此，品牌資產在此類市場中，更具策略性與實務性價值。

　　在工業品領域中，品牌資產可細分為三個層面：

1. 認知資產

品牌知名度與辨識度,例如「看到 Logo 馬上知道產品領域」。這種資產是打開市場的第一步,亦是參展、網站曝光與媒體內容的主要目的之一。

2. 關聯資產

技術專業形象與業界信任感,例如「該品牌是某技術領域的領導者」。品牌若能與某項關鍵技術或應用場景強烈連結,便能在採購決策中取得優勢。

3. 情感資產

長期合作關係、專案服務體驗與企業文化連結,例如「客戶願意推薦並持續合作」。尤其在長期設備採購與年度維運專案中,情感資產是續約與再銷售的關鍵。

品牌資產評估指標的建立

衡量品牌資產,需透過定量與定性指標共同運作。品牌強度不再僅是行銷成果,而是整合企業各部門交付價值的整體回饋。以下是適用於工業品品牌的資產評估構面:

◇第五章　品牌工學：形塑工業品品牌的黃金法則

1. 品牌知名度（Brand Awareness）

包含自發提及率與提示後認知率，可透過業界問卷、線上訪查或展覽活動中顧客訪談進行評估。

2. 品牌偏好度（Brand Preference）

在同質產品中，客戶選擇某品牌的傾向程度。這通常結合產品技術規格、業務回應速度、維修便利性等綜合感受而形成。

3. 品牌聯想強度（Brand Associations）

客戶對品牌的技術領導、永續價值、服務可靠性等關聯印象。這可透過文字雲分析、深度訪談與競品對比問卷呈現。

4. 品牌淨推薦值（NPS, Net Promoter Score）

評估顧客是否願意向同業推薦品牌，是目前常用的品牌忠誠度衡量方式。特別適合應用於年度關鍵客戶滿意度調查中。

5. 商業成果關聯指標

如客戶留存率、交叉銷售比例、平均成交週期縮短幅度、客單價提升等，亦可作為品牌價值實質轉化的參考。

第七節 品牌資產管理與績效衡量

品牌績效的內外部管理流程

品牌資產管理不僅是一套行銷工作,而應納入整體企業績效指標架構中,形成跨部門合作的管理體制。企業可透過以下三種方式推動品牌績效管理:

1. 建立品牌資產儀表板

結合 CRM 系統、銷售數據與顧客回饋,定期產出品牌績效報表,提供內部行銷與高階主管決策依據。儀表板可區分部門別、區域別與客群別指標,形成可追蹤的行動建議。

2. 跨部門品牌績效審查會議

不定期檢視品牌指標與部門目標之契合度,包含業務單位、售後支援、技術研發、客服中心等,共同負責品牌承諾的實踐。這樣的溝通能提升品牌策略與實際操作間的對齊程度,避免品牌僅是紙上談兵。

3. 與財務績效掛鉤的 KPI 制度

如研華科技將品牌認知度與市場區域銷售表現結合,納入區域經理 KPI,並搭配季度品牌指標評分制度,將品牌成果轉化為績效獎勵依據。

◇ 第五章　品牌工學：形塑工業品品牌的黃金法則

案例探討：
西門子如何將品牌價值化為商業績效

西門子（Siemens）自2020年起重構品牌價值評估模型，將其工業自動化與智慧基礎設施部門的品牌資產與市場績效綁定。其品牌部門與數據科學團隊合作，設計出以NPS、品牌聯想熱度（Brand Heat）、市場覆蓋率與客戶信任指數為核心的評估儀表板。

此外，西門子還導入預測模型來評估品牌活動對未來營收的貢獻潛力。例如：品牌熱度提升5%對應於潛在客戶互動率成長8%，進而預估可能轉化為新專案開發成功率提升3%～5%。這樣的資料模型協助公司在制定年度行銷預算時，能精準分配資源於高產值活動上。

此模式不僅為品牌活動提供明確回報依據，也改變了企業內部對品牌投資的態度，從過去的成本中心思維轉為價值創造者（Value Driver）邏輯。品牌因此被視為投資而非支出，推動跨部門共同投入資源維護品牌健康度。

小結：將品牌變成企業的資產槓桿

在工業品市場中，品牌早已不是單一部門的任務，而是整體企業文化與策略的集體呈現。有效的品牌資產管理與績

效衡量機制,能夠提升市場競爭力、縮短成交週期、強化顧客忠誠,並最終轉化為財務成果。品牌資產更能作為企業價值評估的重要基礎,不僅對外展現信譽與專業,也在內部建立共識與激勵機制。

隨著數據科技與 AI 應用的普及,工業品品牌將愈來愈有能力透過科學化方式追蹤、預測與優化其品牌表現,實現從感知資產到資本資產的質變。品牌,終將從一種抽象的好感度,轉化為具體可追蹤、可投資、可複製的企業資產槓桿。

◇第五章 品牌工學：形塑工業品品牌的黃金法則

第八節
危機中的品牌重塑策略

危機與品牌的相互關係：挑戰也是轉機

在高度競爭的工業品市場中，企業不可避免會面臨各類型的危機，包含品質瑕疵、供應鏈中斷、環境責任爭議、管理層更迭或國際政治衝突等情境。這些危機一旦處理不當，不僅會造成財務損失，更會侵蝕企業多年建立的品牌資產。

然而，危機亦是品牌進化的契機。根據麻省理工學院的危機管理研究（MIT Sloan, 2021），能在危機中即時回應、透明溝通、積極修復關係的品牌，反而可能在事後獲得更高的市場信任與客戶黏著度。這種現象被稱為「信任補償效應」，尤其在 B2B 市場中表現尤為明顯。

工業品企業面對危機的五大品牌重塑策略

1. 快速承認錯誤與主動溝通

工業品牌一旦爆發品質或服務問題，首要之務是迅速承認並說明原因，而非試圖掩蓋。以 2019 年臺灣某工控系統

商面臨工安漏洞時,該企業 48 小時內即發布完整說明並提供暫時解決方案,有效抑制了市場恐慌。

2. 技術升級與產品改版行銷

危機若與產品技術瑕疵相關,應結合技術團隊推出「升級版」或「安全增強版」產品,並在行銷層面強化技術透明與進化承諾。例如 2022 年一間德國感測器公司在感測誤報風波後,推出新一代強化模組並公開測試報告,成功挽回核心客戶信任。

3. 內部制度改革與品牌再承諾

危機背後常伴隨管理疏漏,工業企業應藉此推動內部治理改善,並將此過程公開化為品牌承諾的一部分。像施耐德電機便曾在資料外洩事件後設立全球資安治理委員會,並以品牌語言重申其對客戶資料安全的重視。

4. 品牌敘事更新與文化重啟

在危機過後,企業可透過更新品牌敘事(Brand Storytelling)來重新定義自己。例如 3M 在面臨環境訴訟後,將其永續發展理念明文化為品牌主軸之一,並主動投入綠色技術研發,讓品牌形象轉化為「願意面對責任的創新者」。

5. 結盟與公益參與

危機過後若能主動參與公共議題或與第三方權威單位合作，亦有助於品牌信任回補。像某電子元件公司曾因不當採購事件受損，危機後與國際認證機構合作導入 CSR 審核，並加入聯合國責任企業公約，逐步重建國際市場信譽。

案例分析：
台達電子在能源轉型中的品牌深化

作為全球能源與電源管理領域的重要企業，台達電子長期致力於節能減碳與環境永續。面對全球對能源投資與環境影響日益嚴格的社會監督，台達積極提升資訊揭露透明度與投資準則。自 2020 年起，台達在企業社會責任報告中進一步強化 ESG 揭露框架，明確宣示未來將聚焦於再生能源、低碳技術與淨零碳排解決方案，並採取更嚴格的投資與合作審查機制，作為品牌重整與永續治理的核心方向。

除內容揭露外，台達同步加碼布局綠建築、自動化碳管理與儲能解決方案，並在各大國際展會全面更新品牌主視覺與行銷語言，將品牌核心從「節能科技」擴展至「永續價值」。這場轉型不僅展現出企業在全球永續浪潮下的前瞻佈局，也進一步鞏固其在全球企業永續評比中的領導地位。

在 2022 年，台達電子不僅入選《道瓊永續指數》世界指數，更連續獲得全球永續品牌與 ESG 評級機構的高度肯定，顯示其品牌重整策略成功將社會責任轉化為競爭力與信任資本。

小結：品牌修復不是彌補，而是升級

在工業品品牌經營中，危機既是考驗，也是一種公開的品牌再定義時機。若能善用此時機啟動升級行動，重新梳理價值主張與文化內涵，品牌不僅能回復，甚至能在市場中獲得更深的信任與更強的區隔力。

◇第五章　品牌工學：形塑工業品品牌的黃金法則

第九節
案例：3M 如何建立跨產業品牌印象

品牌延伸的策略關鍵：核心價值一致性

3M 是一個少數能在工業、醫療、電子、建築、交通與消費性產品等多元產業中，皆保持高度辨識度與信任感的全球品牌。這種跨產業品牌印象的建立並非偶然，而是建立在長期累積的創新能力、穩健的技術平臺與一致的品牌管理策略之上。根據《富比士》2023 年對全球 B2B 品牌影響力的調查，3M 在「品牌延伸信任度」、「技術領導形象」與「知識信任度」等項目中名列前茅，顯示其品牌即使橫跨不同產業，也能維持高度一致的專業形象與顧客忠誠度。

品牌延伸成功的關鍵之一，在於 3M 始終如一地傳遞核心價值主張：創新、品質、問題解決與對社會責任的重視。這讓客戶即使在不同行業、不同產品線中遇見 3M 品牌，也能直覺認為其產品與服務具備高度可靠性與實用價值。這種信賴感源自於品牌不只是標誌，而是與企業文化與技術整合力緊密連結的象徵。

第九節 案例：3M 如何建立跨產業品牌印象

垂直整合與橫向應用的策略平衡

3M 的品牌擴張策略可以分為兩種主要方向：垂直整合與橫向應用。垂直整合意味著在單一產業中進行深耕，從基礎材料研發、技術模組開發到整體應用解決方案建構。例如：3M 在醫療產業中從黏著敷料發展出可穿戴醫療感測器與手術室空氣過濾方案，形成一套從原料到臨床應用的垂直整合價值鏈。

另一方面，橫向應用則是將核心技術跨領域地擴散運用，例如利用其先進的微結構光學材料技術，除了應用於液晶螢幕，也擴展至交通號誌、建築節能膜與生醫檢測儀器。這種策略讓 3M 得以在不同市場中發揮規模經濟與技術資產的價值，並進一步提升品牌的廣度與深度。

3M 能在高度異質的產品線中維持品牌一致性，來自於其對於品牌辨識標準的嚴格管理，包括視覺風格、產品命名、溝通語言與價值敘事。每一項產品都不只是商業品項，更是一則支持其「科技改善生活」使命的證明。

品牌故事與知識領導地位的結合

品牌故事是 3M 品牌策略中的核心。從便條紙的發明故事到 N95 口罩的全球應用，3M 善於將技術背景、創新歷程

◇第五章　品牌工學：形塑工業品品牌的黃金法則

與使用者價值轉化為生動的敘述，深化品牌與顧客間的情感連結。特別在 COVID-19 疫情期間，3M 透過官網、YouTube、新聞專題與醫療專家訪談，持續向公眾傳達其產品背後的科技實力與企業承諾，進一步鞏固其在醫療與公共安全領域的信任地位。

此外，3M 在全球建立創新中心與應用研究中心，讓客戶、學界與合作夥伴能實地體驗其核心技術與研發成果，這些互動不僅傳遞了產品優勢，也強化 3M 作為知識型品牌（Knowledge-Based Brand）的角色。透過這種知識體驗，3M 將品牌從單一商品的標誌轉化為持續創新的象徵。

價值一致性與在地化的兼容策略

3M 雖為全球性品牌，卻不忽視各地市場的文化與使用需求。在不同區域，3M 進行因地制宜的產品開發與行銷策略調整。例如在東南亞市場，因應潮溼氣候推出防霉耐溼的建材產品；在臺灣，則與當地大學合作發展呼吸器配戴舒適度改良專案。在美國則更重視品牌與 CSR 結合，如推出校園科技教育計畫並融入永續價值主張。

這種「全球一致性」與「地方靈活性」的策略架構，使 3M 能夠同時維持國際品牌聲響與本地市場的競爭力。在地

化不代表割裂品牌價值,而是以文化理解為基礎進行適度轉譯與本地共創。

小結:3M 品牌策略的啟示

3M 建立跨產業品牌印象的成功關鍵,來自於其對核心價值主張的堅守、技術平臺的高度延展性、品牌敘事的整合與在地文化的尊重與結合。這提供工業品品牌一項重要啟示:在進行品牌延伸與跨產業擴張時,唯有具備深層的價值一致性與結構性的品牌治理能力,才能在多變市場中維持品牌的穩定性、可辨識性與長期信任力。

對所有希望突破單一產業疆界、打造永續品牌的工業企業而言,3M 的案例無疑是最具參考價值的典範。

◇第五章　品牌工學：形塑工業品品牌的黃金法則

第十節 案例：台達電子如何建立國際化品牌信任

工業品牌的國際化挑戰與轉型契機

台達電子作為臺灣領先的電源與能源管理解決方案供應商，自 2000 年代起積極布局國際市場。從最初以 OEM/ODM 製造為核心的營運模式，逐步轉向自有品牌經營，台達的國際品牌策略走出一條融合在地化實踐、科技領導與永續承諾的路徑。

與一般消費品牌不同，工業品品牌在國際化過程中面對的挑戰不僅來自語言與文化，更來自認知、標準與信任的建構。例如：面對歐洲市場對於能源效率的高標準，或是北美客戶對服務透明度與售後支援的高期待，品牌必須提供超越產品性能的整合價值與信任保證。台達電子正是在這些挑戰中，逐步建構起其國際品牌資產。

第十節　案例：台達電子如何建立國際化品牌信任

品牌信任建立的三大策略核心

1. 技術專業的長期深耕與國際認證

台達電子以電源管理技術起家,其品牌信任的基礎來自於其產品在穩定性、效率與節能方面的長期領先。為了因應國際市場需求,台達投入大量資源通過多國標準認證(如 UL、CE、ISO 50001 等),並主動與國際研究機構合作,參與全球能源標準的制定與研發。這些專業基礎成為品牌可驗證的技術信譽。

2. 永續發展承諾與品牌價值整合

自 2011 年起,台達每年發布企業社會責任報告,揭露其在碳排管理、節能設施推動與綠色建築發展的成果。其「Smarter. Greener. Together.」品牌理念不僅是一句口號,更實際貫穿其產品設計、工廠營運與客戶合作過程,展現品牌與永續價值的緊密連結。

3. 全球在地化布局與品牌一致性管理

台達在全球超過 50 個國家設有子公司與技術中心,並在主要市場(如美國、德國、日本)進行在地研發與客戶服務投資。其品牌策略強調視覺辨識標準化與品牌語言一致性,例如展場設計、網站結構與商業簡報皆依循統一架構,確保全球客戶面對一致且可信賴的品牌形象。

◇ 第五章　品牌工學：形塑工業品品牌的黃金法則

危機回應與品牌韌性的展現

台達電子長期重視供應鏈的環境與社會責任管理，2019年於歐洲營運據點積極推動供應鏈透明化與責任制度強化。在持續深化供應商永續管理的過程中，台達針對部分合作廠商的環境政策與法規遵循情況展開內部稽核與第三方審查，並同步對外說明改善方向與監管機制，展現積極回應態度。

該次經驗促使台達進一步升級其供應商責任準則，強化從原料來源可追溯性、環境法規符合度到社會責任履行等項目，並導入永續風險評估工具，建立透明化報告制度與年度績效追蹤機制。自此，台達開始要求一級供應商定期接受ESG稽核，涵蓋環境保護、勞動待遇與經營道德等面向，確保合作夥伴與企業價值觀一致。

這一系列制度強化不僅提升供應鏈風險管理能力，也讓ESG原則正式納入品牌承諾，進一步提升台達在國際永續採購評比中的聲譽與競爭優勢，展現品牌在面對挑戰時的高度韌性與回應力。

品牌信任的擴張效益

台達品牌形象的強化不僅提升了既有業務的市占率，也讓其得以拓展進入新的產業領域。例如其在智慧建築、儲能

系統與電動車充電等新興應用領域的市占成長,即與其長期建立的品牌信任高度相關。在 2022 年《日本經濟新聞》評比的亞太地區永續品牌調查中,台達電子躋身前十強,是唯一來自臺灣的工業品牌。

小結:信任,是品牌國際化的關鍵貨幣

從代工製造到國際品牌,台達電子的發展歷程顯示,對於工業品企業而言,技術實力固然重要,但唯有透過一致的品牌治理、永續價值實踐與全球溝通的能力,才能真正建立跨地域、跨文化的信任橋梁。品牌不只是訊號,更是一種信譽資產,而信任,正是這筆資產得以在全球市場中轉化為長期競爭力的關鍵貨幣。

◇第五章　品牌工學：形塑工業品品牌的黃金法則

第六章
系統化成交：
建立工業品行銷作業流程

◇第六章　系統化成交：建立工業品行銷作業流程

第一節
工業品銷售流程設計的關鍵原則

工業品銷售流程的本質與特性

　　工業品的銷售流程相較於消費性產品有著高度差異性，其根本特質在於「複雜性高」、「決策鏈長」與「客製化程度深」。工業品的銷售並非一次性交易，而是一連串多階段、跨部門、長週期的價值交換行為，尤其在 B2B 環境下，從初始接觸到成交往往歷時數週至數月，甚至更長。

　　在實務中，工業品的買方組織往往擁有跨部門採購流程，涉及技術部門、工程設計、營運、法務及財務決策人員等。此結構對銷售人員的策略規劃與流程設計能力提出更高要求。流程若無明確規劃與節點標準，將容易造成內部協調成本升高與外部客戶體驗不佳，進而影響成交率與品牌信任。

　　工業品的銷售流程不只是「從接觸到成交」的時間軸管理，更是資源分配、價值溝通與風險控制的系統化運作。從前期的需求探索、產品提案、中期的商務談判與技術審查，到後期的簽約履約、安裝導入與售後服務，每一階段都關係到顧客體驗與最終業績成果。

第一節　工業品銷售流程設計的關鍵原則

設計流程的五大核心原則

1. 以顧客決策旅程為基礎設計節點

成功的銷售流程設計應與顧客的認知與採購流程同步對齊。舉例而言，若客戶處於「需求不明確」階段，銷售流程應納入教育型內容（如白皮書、研討會），建立信任與知識基礎；進入「比較評估」階段時，則應提供案例分析、產品測試報告與 ROI 模擬工具。這種以顧客旅程為中心的設計邏輯能有效提升溝通效率與中後段轉化率。

2. 明確分工與跨部門節點定義

工業品的銷售往往需要跨部門合作，若無明確界定各部門角色與介面責任，將導致流程延遲與內部衝突。例如：在導入高單價設備專案時，工程單位需提供客製設計時程、採購單位需整合報價清單，法務部門須介入合約風險條文審查。因此，流程設計中需納入「責任分工表」、「節點流程審核表」等工具，促使跨部門合作有據可循。

3. 標準化流程圖與決策工具

銷售流程必須具備可重複性與可視覺化。建議運用泳道圖（Swimlane）、流程甘特圖、RACI 責任矩陣等工具來清晰標示各步驟與負責單位。並建立輔助決策工具如：客戶潛力

◇第六章　系統化成交：建立工業品行銷作業流程

分級表、投標與否分析表、商機熱度指數等。這些工具不僅提升團隊效率，也有助於新人訓練與流程制度化。

4. 流程敏捷性與彈性調整機制

銷售流程雖需標準化，但在面對不同產業客群與專案型案件時，亦需預留彈性空間。例如高技術密集產業（如半導體設備）與公共工程案之流程設計差異甚大，因此建議設計「核心主流程」與「客製分流程」的雙軌制度。並由流程負責主管每季檢視流程適用性，提出流程優化建議。

5. 持續優化與回饋機制

銷售流程應內嵌 KPI 指標與績效追蹤機制。可透過 CRM 系統與行銷自動化工具（如 Power BI、Salesforce）分析各階段成交比率、商機停滯時間與客戶流失率，持續修正流程盲點。同時設置「流程改善回報表」，鼓勵一線業務與技術人員針對流程瓶頸提出優化建議，促進前線經驗向制度回饋。

小結：流程設計是工業品行銷的骨架與加速器

在工業品行銷中，銷售流程設計不僅是企業內部的操作規範，更是建立客戶信任、擴大市占與創造業績的基礎工

程。一個清晰、可預測、可複製的銷售流程,能大幅減少組織內部摩擦、提高跨部門合作效率,並讓銷售活動由依賴個人經驗走向制度化經營。

　　流程設計如同骨架,支撐整體行銷作業的穩定與強度;也如同加速器,驅動機會轉換與商機實踐的速度。對於處於數位轉型與國際化階段的工業品企業而言,唯有從流程入手,才能建構出一個能持續擴展與創造價值的行銷營運平臺。

◇第六章　系統化成交：建立工業品行銷作業流程

第二節
銷售流程標準化的重要性

為什麼工業品銷售流程需要標準化？

在工業品行銷中，標準化銷售流程的目的並非削弱業務彈性，而是為了建立可控、可預測、可複製的作業基礎。當企業邁入規模化成長或進行數位轉型時，若沒有一套標準流程，就容易出現內部資訊不對稱、執行品質落差與管理責任不明的問題。尤其在 B2B 場域中，一筆交易往往動輒數十萬至數千萬臺幣，若流程未經標準化設計與落實，風險將大幅提高。

標準化並不代表僵化，而是將關鍵節點與最佳實務固定化，使各部門能在共通語言下合作，並讓新進人員快速上手，降低培訓成本。標準化流程還可作為後續導入 CRM、ERP、MA（行銷自動化）等系統的重要基礎，協助企業真正實現流程數據化與決策智慧化。

第二節　銷售流程標準化的重要性

銷售流程標準化的四大效益

1. 提升交付品質與顧客信任

標準化流程有助於確保交付品質的一致性。例如每一份提案書的內容架構、技術文件的審核流程、報價策略的批准機制若能統一規格，將有效減少人為錯誤，並提升顧客對品牌的專業印象。

2. 強化跨部門合作與作業效率

工業品的銷售通常涉及技術、法務、財務、品保等部門。若流程節點與作業標準不一致，易造成溝通成本升高與執行瓶頸。透過標準化設計（如制定服務 SLA、簽審 SOP），可有效建立橫向合作的效率基礎。

3. 作為知識管理與教育訓練的依據

將銷售流程制度化後，可建立知識文件（Playbook）、內訓模組與新人培訓手冊。這不僅有助於經驗傳承，也可減少業務人才流動對組織造成的衝擊。

4. 建立流程指標與績效改善基礎

一旦流程被標準化，即可透過系統記錄各節點的時間長短、停滯原因與成交率。這使得企業能進一步設立流程

KPI，進行持續改善，例如：「從報價至簽約不超過 30 日」、「提案成功率達 45%」等具體目標。

標準化導入的步驟與成功要素

導入標準化流程應由小而大、由單點到全流程逐步展開。以下為建議步驟：

(1) 定義流程主軸與節點分類：可先從新案開發流程、投標作業、技術協商等高風險流程入手；

(2) 訪談一線與支持部門，萃取最佳實務：不同部門參與流程的角度不同，必須整合成通用語言；

(3) 建立流程文件與表單範本：將關鍵節點的作業說明、責任人、輸入與輸出資料格式制式化；

(4) 設立流程監督角色（如流程管理師）：負責監控執行落實度與推動修訂建議。

成功導入標準化的關鍵在於高階主管支持、一線員工參與與持續調整機制。若標準化被視為「管制工具」而非「執行支撐系統」，容易引發現場抵制與形式化落實。因此導入過程中應強調流程的價值在於減壓與加速，而非加重業務負擔。

小結:標準化是流程優化與數位化的跳板

銷售流程標準化不只是效率工具,更是組織智慧的結晶與價值複製的起點。透過標準化,企業能從過往的經驗依賴轉為制度驅動,並為未來的流程自動化、決策智慧化與跨市場複製鋪設堅實基礎。對於工業品行銷而言,流程標準化正是邁向高績效、高信任、高彈性組織的重要里程碑。

◇第六章　系統化成交：建立工業品行銷作業流程

第三節
如何設計工業品專案銷售的 SOP

工業品專案銷售的特性與 SOP 設計必要性

工業品的專案銷售（Project-based Sales）通常具有高客製化程度、長交期、技術整合性高與多部門參與等特性。面對複雜且變數眾多的銷售情境，若無系統化作業流程與明確執行準則，將容易造成執行錯漏、溝通中斷與信任流失。因此，建立一套清晰、標準、可追蹤的 SOP（Standard Operating Procedure，標準作業流程），不僅是專案成功的保障，也是企業營運穩定與品牌信賴度累積的基石。

SOP 設計並非只是將流程圖檔製作完畢，而是需深入理解每一節點中的責任界定、資訊流、文件需求與風險管理要素。良好的 SOP 不僅可降低人為失誤，也有助於後續流程自動化與 KPI 管理的實施。

第三節　如何設計工業品專案銷售的 SOP

專案銷售 SOP 的核心構成要素

1. 商機確認與立案程序

以表單形式定義新專案啟動的必要資訊，例如客戶背景、需求簡述、預估金額、關鍵時程、競爭者概況等，並設立「商機立案門檻」與審查制度，避免資源浪費於低品質商機。

2. 技術評估與可行性分析

由技術部門協作進行技術匹配性分析，並針對需求擬定初步解決方案架構。此階段應明文化責任部門、交付期程與技術風險標注機制。

3. 專案報價與商務審核

訂立報價模組與計算邏輯標準化工具，如基礎設備單價、安裝費用、稅制計算、付款條件等。商務部門須依照審查流程完成「價格核准」、「付款條款確認」與「保固條件設定」三大面向。

4. 提案製作與提案審查

規範提案文件內容（技術資料、案例實績、價值主張）、簡報格式、審查流程與核准權限。提案須至少經部門主管與業務副總兩級審查後方可對外提出。

第六章　系統化成交：建立工業品行銷作業流程

1. 合約簽署與交付準備

明訂合約格式範本、條款異動流程、內部法務審查作業與最終簽署權責。交付前須完成「訂單成立」、「物料清單確立」、「技術開案會議記錄」等三項基本作業。

2. 專案執行與關鍵里程碑管理

建立甘特圖追蹤時程，並搭配關鍵點檢核表（如出貨、安裝、測試、驗收）進行進度管理，並由專案經理定期對高階主管進行報告。

3. 結案與後評估機制

專案完成後須填寫「結案報告表」，包含專案 KPI 達成率、成本偏差分析、客戶滿意度、內部執行建議等。此報告為未來 SOP 優化的依據來源。

建立有效 SOP 的四項關鍵條件

(1) 實務參與與部門共創：SOP 不應由單一部門制定，而應集結技術、業務、法務、營運等單位共構，確保內容貼近實務並具可行性。

(2) 視覺化工具與範本建置：每個流程節點應搭配表單範本、決策圖表與數據模型，方便查詢與操作，並提升使用者接受度。

(3) 定期檢討與版本管理：建議每半年進行一次跨部門檢討，針對流程瓶頸、變動條件與新制度更新進行修訂並版控。
(4) 數位系統支援：將 SOP 轉化為可於 ERP/CRM 系統中執行的工作流程，提升執行透明度與數據留存品質。

小結：從個人經驗到組織智慧的轉化

設計一套完整的工業品專案銷售 SOP，不僅能確保流程品質與交付穩定性，更是企業知識沉澱與價值體系建立的重要環節。唯有從銷售流程中提煉制度性知識，並以 SOP 形式規範與複製，才能讓工業品行銷從依賴個人經驗轉型為集體智慧驅動，進而實現高效率、高一致性與可持續發展的銷售體系。

◇第六章　系統化成交：建立工業品行銷作業流程

第四節
不同部門如何協作支持行銷

工業品行銷的跨部門特性與挑戰

在工業品市場中，行銷與銷售並非單一部門可獨立完成的任務，而是一個橫跨技術、研發、生產、財務、法務、人資、客服、IT及營運等多部門共構的綜合性工程。由於B2B行銷本身具有資訊密集、銷售週期長、客製化程度高與利害關係人多等特性，各階段的推進幾乎都仰賴跨部門資源的整合與即時配合，才能確保行銷活動與銷售目標順利推動。

然而，在實務執行中，各部門的溝通往往面臨諸多挑戰。例如：行銷部門著眼於市場反應速度與創意表現，研發部門則注重技術可行性與時程風險控管；業務部門希望客製化條件越多越好以迎合客戶需求，生產與供應鏈部門則要求標準化以維持生產效率與成本控制。若無一套系統性的合作機制，極可能導致內耗、重工與失效交付，進而影響品牌信任與市場競爭力。

第四節　不同部門如何協作支持行銷

協作支持的七大關鍵角色與職能定位

1. 技術部門：價值內容共創與技術諮詢

行銷須與技術團隊合作開發具說服力的應用案例、技術白皮書、產品規格文件與影片資源，協助將抽象技術轉化為客戶可理解與認同的語言。技術部門也經常出席提案簡報、與客戶進行預審溝通，是建立信任的重要支點。

2. 研發部門：市場需求轉譯與技術創新導入

研發需從行銷單位蒐集來的市場回饋中提煉核心趨勢與未滿足需求，並將之轉化為技術研發路徑。行銷則應提供定量數據、競品分析與使用者情境，作為研發立案的依據，雙方共同構築市場導向的產品創新模型。

3. 生產與供應鏈部門：交期保障與資源分配彈性

行銷端所制定的行銷時程與販售承諾需由生產與供應鏈體系實現。透過銷售預測模型、物料長短期整合與產能模擬工具，雙方能建立共識，提升承諾可行性。同時對於客製化訂單，供應鏈部門亦需參與客戶對接會議，協助評估調整彈性與執行可行性。

4. 財務與法務部門：風險管控與制度強化支援

財務部門除評估報價合理性外，也負責專案毛利率分析、信用條件評估與回收風險提示。法務部門協助行銷部處理授權使用條款、品牌聯名風險、促銷活動合規性與合約責任風險，並建立標準化範本以提升效率與降低風險。

5. 客服與售後部門：顧客回饋鏈接與價值延續

客服單位是行銷價值實踐的第一前線，其回收之服務滿意度、常見問題與客戶建議可直接回饋至產品與行銷部門，作為優化基礎。售後部門亦常協助進行現場教育訓練與技術支持，是鞏固顧客關係與提升品牌忠誠度的後盾。

6. 人力資源部門：內部品牌與行銷協力者培育

行銷文化的擴散需仰賴人資部門協助培養內部品牌大使，並將品牌價值納入新進人員訓練與員工績效機制，進而強化組織內部對行銷目標的共識與參與度。

7. 資訊部門（IT）：數位行銷工具與資料整合支援

IT 部門須與行銷合作推動 CRM、行銷自動化、資料分析平臺的建置與維運。IT 的支援能提升行銷數據透明度、加速客戶行為洞察，並強化客戶旅程管理。

第四節　不同部門如何協作支持行銷

建構有效跨部門合作的六項實務策略

1. 建立合作任務導向的行銷專案機制

每項大型行銷活動或產品上市專案應成立專案小組，由不同部門指派代表共同參與專案規劃、分工與回饋。

2. 設立行銷協作章則與工作流程圖

制定合作章程並視覺化工作流程，明確說明各部門介入時機、工作邊界與決策責任，減少溝通模糊空間。

3. 導入共用平臺與自動化工具

如使用 SharePoint、Slack、Notion 等雲端工具，整合文件、日程與待辦事項清單，提升即時合作效率。

4. 召開定期跨部門合作評估會議

建議至少每月召開一次，檢討目前合作成果、提出待優化事項並追蹤跨部門共創專案進度。

5. 設置行銷協作 KPI 與聯合獎酬方案

行銷活動成功後的指標（如專案營收、潛在客戶數、提案成功率等）應部分分配至關鍵支持部門，建立共同成果認同。

◇第六章　系統化成交：建立工業品行銷作業流程

6. 推動內部品牌行銷教育

將品牌策略與行銷目標內化為企業文化教育內容，使各部門員工理解行銷的價值與參與必要性。

小結：
共創協力，打造高效行銷組織的關鍵路徑

在當代工業品行銷實務中，跨部門合作已非輔助角色，而是行銷是否成功的核心動能。從技術支持、資源調配到內部溝通，每個部門皆扮演不可或缺的支點。唯有在組織架構中建立清晰的合作機制與激勵制度，並持續優化部門之間的理解與信任，才能讓行銷策略由內而外落實，轉化為真實的市場影響力與可衡量的商業成果。

第五節
CRM 數據如何輔助行銷預測

工業品行銷預測的複雜性與數據化轉型需求

在 B2B 工業品市場中，行銷預測從過去仰賴經驗法則與銷售直覺的傳統模式，逐步轉型為倚賴系統性數據與演算法支援的決策流程。由於工業品多數具備高客製化、交期長、單價高、決策鏈複雜等特性，傳統預測往往無法及時反映市場變化，導致供需失衡、內部資源誤配、甚至整體營運績效下滑。

導入 CRM（Customer Relationship Management，顧客關係管理）系統後，企業可以結構化方式蒐集並整合客戶資料與互動軌跡，進一步結合 ERP、MA（行銷自動化）、BI（商業智慧）等系統，建立完整的資料池與預測引擎。這不僅提升預測的準確度，也讓行銷部門能夠將數據即時轉化為行動，並快速調整策略。

◇第六章　系統化成交：建立工業品行銷作業流程

CRM 資料在行銷預測中的七大應用範疇

1. 銷售漏斗分析與動態轉換率預測

　　CRM 能視覺化潛在客戶在不同階段的分布情形，並建立過往轉換率資料的統計模型。透過追蹤每一筆商機從初步接洽到成交所歷經的時間、溝通次數與關鍵接觸點，行銷團隊可預測未來一段期間內預計可轉化之商機數量與潛在金額，並調整推廣節奏與內容資源分配。

2. 客戶互動強度與意圖熱點分析

　　整合官網行為、電子報開信率、線上研討會參與率、問卷回覆與社群點擊行為後，可藉由 CRM 建立個別客戶或客群的互動熱點矩陣，掌握他們對特定技術、應用領域或產品線的興趣程度。這些熱點資訊可進一步用來觸發個性化內容推播與再行銷活動。

3. 時序趨勢分析與區域需求預測

　　利用 CRM 與地理資料整合，可針對不同銷售區域進行時間序列分析，預測各地區季節性需求波動、地緣政治因素對市場波動的影響，以及產業供應鏈變動的傳導效應，讓行銷活動布局更為前瞻與彈性。

第五節　CRM 數據如何輔助行銷預測

4. 業務行為與商機健康檢視指標建構

CRM 可分析每一位業務代表的拜訪頻率、議題紀錄、回覆時間、成交比率等資訊，並搭配商機停滯天數與客戶回應率，建立商機健康指數（Opportunity Health Index），幫助行銷單位針對高風險商機進行補救與資源再分配。

5. 生命週期預測與再行銷啟動機制

根據過往客戶的購買頻率、產品使用週期、服務需求與維修紀錄，可建立客戶生命週期模型，判斷最佳再行銷時間點並自動觸發 EDM 或業務通知，形成預警式銷售系統，提升續約率與升級轉換率。

6. 潛在客戶品質評分與預測建模

將 CRM 中收錄的線索來源、公司規模、產業類別、過去互動紀錄與點擊行為整合後，可建立潛在客戶分數卡（Lead Scoring Model），透過機器學習找出高成交潛力客群並優先分配銷售資源。

7. 多通路行銷活動績效回饋預測

對於每一項展會、線上廣告或電子報行銷活動，CRM 可追蹤潛在客戶後續的轉換情形，並建立活動效益預測模型，作為未來活動投資決策的量化依據。

◇第六章　系統化成交：建立工業品行銷作業流程

導入 CRM 輔助行銷預測的成功條件

1. 資料品質管理與標準作業制度建置

資料的準確性與即時性是預測基礎，須建立欄位定義規範、定期盤點制度與權限管理制度，避免資料殘缺或重複導致分析失真。

2. 多系統整合與資料視覺化設計能力

跨平臺整合 ERP、客服系統、MA 工具與 BI 看板，需具備 API 整合能力與前後臺一致性，並透過 Power BI、Tableau 等工具進行可操作視覺報表設計。

3. 行銷、業務與 IT 的三方共構模式

建立由行銷部門主導、業務部門參與、IT 部門支援的預測任務編組，確保模型反映市場實況與使用需求。

4. 數據循環與 AI 優化機制導入

定期將預測結果與實際銷售結果進行偏差分析，並將學習結果導入 CRM 演算法模型，使預測邏輯持續優化、動態修正，形成預測－驗證－優化的閉環架構。

第五節　CRM 數據如何輔助行銷預測

小結：
從反應式行銷走向預測式行銷的實踐進程

　　CRM 系統的導入，不僅改變了工業品行銷的操作方式，更推動行銷從反應式轉向預測式的根本轉型。透過 CRM 所建構的資料中樞與預測模型，企業得以從早期發現機會、即時掌握趨勢，到精準分配資源並快速修正策略，打造真正具備資料驅動能力的行銷體系。未來的工業品行銷競爭，將不再是誰曝光多、聲量大，而是誰先預測、誰先布局、誰能最快將預測轉為行動，並形成可量化的業績成果。

◇第六章　系統化成交：建立工業品行銷作業流程

第六節
客戶生命週期管理與再銷售策略

工業品客戶關係的長週期特性與再銷售潛力

在工業品領域，企業與客戶之間的關係往往具備長週期、高接觸密度與高信任門檻等特徵。不同於消費性產品可透過短促銷活動快速成交，工業品交易通常涉及大量前期溝通、技術評估、專案導入與售後服務，決策鏈條長、採購金額大。正因如此，企業若僅將銷售聚焦於單一交易，將錯失延伸價值與提升客戶終身價值（Customer Lifetime Value, CLV）的長期機會。

客戶生命週期管理（Customer Lifecycle Management, CLM）正是為了解決此一痛點而生。CLM 是一種全方位的關係經營體系，涵蓋從潛在客戶開發、成交後交付、長期維護、續約升級，乃至流失挽回的完整旅程。透過資料分析、自動化行銷與多部門合作，企業可在不同接觸點強化價值傳遞、及早發現風險並精準部署資源，最終形成一個可複製、可預測、可增長的客戶經營模型。

客戶生命週期的六大階段與實務對應策略

1. 市場引導與潛在線索蒐集期（Awareness & Acquisition）

建立認知與獲取潛在客戶是客戶生命週期的起點。透過白皮書下載、網路研討會、SEO 內容布局與社群經營，導入行銷自動化系統（MA）協助企業收集初步行為線索，建立資料庫。搭配 AI 演算可預測客戶成熟度與接觸意願，提供業務更高品質的潛在線索。

2. 需求評估與商機建立期（Consideration & Qualification）

客戶展現具體需求後，進入業務與技術團隊聯手推進的階段。導入預約會議、技術簡報、初步規劃草案等互動，並透過 CRM 記錄交互內容與評估指標，評量商機成熟度。企業應建立標準化提案模板與投標支援工具，縮短回應時間、提升命中率。

3. 簽約與交付實施期（Decision & Fulfillment）

進入合約階段後，客戶生命週期邁入轉折點。此時專案團隊必須以專業交付能力實現初步承諾，從物料準備、場地整合、系統測試到教育訓練，需搭配 SOP 與專案管理制度同步進行。企業也應在交付中設置滿意度評量與即時回饋通道，確保客戶參與與信任延續。

4. 關係鞏固與價值深化期 (Retention & Value Expansion)

客戶使用期間是鞏固關係與推動再銷售的黃金時期。企業可運用年度健康檢查、帳戶回顧會議、使用數據報表與問題導向諮詢機制，維持高品質對話並找出價值延伸的切入點。例如推出高階模組、擴增維修方案或客製服務合約，提升總體貢獻度 (TCV)。

5. 續約與升級期 (Renewal & Upsell)

當原合約到期或系統更新週期將至，為升級與續約創造契機。透過 CRM 預測客戶再採購時機並結合維修歷史、設備運作效率等數據，提供專屬升級建議與優惠條件，強化顧客的更新動機與續約意願。

6. 流失預防與重啟合作期 (Churn Risk & Win-back)

若偵測客戶互動減少、服務需求異常下降或轉向競品，應立即啟動挽救流程。搭配自動化工具推送客製溝通內容、召開危機回應會議並由高階主管親自關懷，可降低流失率。即便客戶已流失，亦可建立「潛在回流資料庫」，定期檢查其市場活動動向，尋找重啟合作的契機。

第六節　客戶生命週期管理與再銷售策略

再銷售策略的四大應用模型

1. 解決方案擴充型交叉銷售（Solution-based Cross-selling）

基於既有使用情境進行延伸，例如提供擴展型模組、搭售雲端監控平臺、導入 AI 分析功能等，不僅提升交易總額，也增強系統黏性。

2. 設備生命週期升級型銷售（Lifecycle-driven Upselling）

根據產品壽命曲線與使用效能評估，在合適時間提供更新替換建議，並配合退役設備收購與新產品折扣，降低客戶轉換成本。

3. 預測性引導型再行銷（Predictive Re-engagement）

使用機器學習模型預測再採購時點與熱度指標，提前發出提案提醒、更新報價或提供限時套案，提高重購命中率。

4. 夥伴型顧問式擴單銷售（Advisory-based Expansion）

指派專屬顧問與 KAM 定期進行策略對話與業務共規劃，提出客製化商業模式建議，建立策略型合作關係，成為客戶的價值共創夥伴。

◇第六章　系統化成交：建立工業品行銷作業流程

CLM 與再銷售的組織建設要點

1. 設立全職客戶成功團隊（Customer Success）

以非銷售導向進行價值導入與成果管理，為再銷售創造積極溝通場景。

2. 建立統合平臺（CRM＋BI＋MA）與跨部門資料共享機制

打破數據孤島，實現資訊透明化與即時協作反應。

3. 將 CLM 納入績效與預算制度設計

例如將續約率、平均客戶營收與升級件數納入部門績效與獎酬計畫中，讓各部門均對客戶關係經營有責任。

4. 推動內部文化轉型，從「成交導向」邁向「關係導向」

透過內訓、案例分享與管理者身教，強化整體組織的 CLM 價值觀。

小結：
以生命週期經營邁向工業品銷售的永續成長

客戶關係不應止於成交，更應延續為企業永續發展的關鍵資產。透過完善的生命週期管理與再銷售策略，工業品企

業得以建立「一次成交，多次收穫」的商業模型，在競爭激烈的 B2B 市場中脫穎而出，實現從供應商邁向合作夥伴的進化轉型，打造更高附加價值、更強競爭力與更長久關係的行銷體系。

◇第六章　系統化成交：建立工業品行銷作業流程

第七節
案例追蹤與決策管理模組建立

專案型銷售的複雜性與決策節點管理需求

在工業品行銷與銷售實務中，許多商機具備高度客製化與長期專案導向的特性，這使得企業在面對高單價、長交期、跨部門參與的案件時，必須擁有一套可追蹤、可管理、可回溯的案例管理與決策輔助機制。若缺乏系統化的案件追蹤與決策流程設計，將導致業務資訊碎片化、進度掌握不清、資源分配不當與關鍵判斷失誤。

案例追蹤與決策管理模組正是為了因應此需求而建立的系統化方法，透過標準化資料輸入、節點審核邏輯與視覺化進度看板，協助企業從商機發現、客戶互動、提案發展、審查評估，到決策定案與失單回饋進行全流程管理，並建立跨部門對齊的合作平臺。

第七節　案例追蹤與決策管理模組建立

案例管理模組的六大核心構面

1. 商機立案與指標建檔

所有潛在大型專案商機，須依企業規範填寫「商機立案表」，內容涵蓋預估金額、潛在客戶資訊、技術需求、競品狀況與預計時程。該表單亦可作為 CRM 自動產出評分基礎，篩選高價值商機。

2. 案件進度視覺化看板（Kanban）

以進度欄位方式設計看板，包括：初步洽談、需求確認、技術提案、價格核准、合約審閱、待決策、成交／失單等階段。每階段皆需有明確任務清單與責任人，提升部門間資訊同步效率。

3. 決策節點審查表與會簽機制

對於進入報價與合約談判的案件，須引入會簽制度，由財務、技術、法務與高階主管審查風險點與資源分配評估結果。此制度可降低專案落單後的履約風險與跨部門爭議。

4. 關鍵決策記錄與會議追蹤

每一項決策建議皆需由業務單位建立簡報文件與會議紀錄，記錄提案依據、競品對比、內部成本結構與贏單策略。

◇第六章　系統化成交：建立工業品行銷作業流程

此資訊將存入決策資料庫，作為日後案例知識管理與新人成長教材使用。

5. 失單分析與回饋制度

所有未成交案件須填寫「失單報告表」，說明流失原因、對手優勢、報價敏感點與下一步改善建議。管理單位定期彙整失單資料，進行趨勢統計與策略回饋。

6. 專案型績效貢獻追蹤

針對已成交大型專案，建立專案財務報表與後續影響力分析，如實際利潤率、交付準時率、售後滿意度與客戶延伸商機，提供總部評估未來相似案件策略。

系統導入與流程優化的建議做法

(1) 整合 CRM 與專案管理工具（如 Monday、Asana、ClickUp）建立資料一致性；
(2) 將模組嵌入內部銷售 SOP 中，規定各階段必填欄位與審核流程；
(3) 舉辦季度案例回顧會議，培養部門共學文化與案例累積知識；
(4) 賦予業務主管決策評分權限，建立「判斷歷程」資料集，協助 AI 預測模型學習判斷邏輯。

第七節　案例追蹤與決策管理模組建立

小結：決策透明化與知識結構化的雙重成果

在高價值工業品銷售中，案例的成功與否往往不僅取決於產品本身，而在於團隊對資訊整合、進度掌握與決策品質的整體表現。透過建立完善的案例追蹤與決策管理模組，企業不僅能提升營運效率，更能實現決策過程透明化與知識累積結構化，成為未來可持續擴展的智慧型行銷資產。

◇第六章　系統化成交：建立工業品行銷作業流程

第八節
用 AI 與大數據優化決策與轉化率

工業品銷售中的決策挑戰與 AI 導入契機

在工業品領域，銷售流程通常涉及多階段、多角色與長週期的決策程序，加上單筆交易金額龐大與售後關係密切，使得每一個決策都需慎之又慎。然而，過去多數企業仍倚賴經驗法則與主觀判斷進行決策，導致資訊斷層、預測失準與資源錯置等問題頻傳。尤其在當前資料來源快速擴張的情境下，來自 CRM、ERP、MES、SCADA、行銷平臺與市場情報等異質資料若無有效整合分析，將成為企業決策效能的最大障礙。

人工智慧（AI）與大數據技術的導入，為工業品企業開啟新局。AI 可透過深度學習、自動分類與預測演算法，解析過往歷史資料與即時回饋，找出關鍵變因與行為模式；大數據則提供橫向整合能力，讓組織跨部門資料得以匯聚成洞察基礎，從而推動企業由反應式管理邁向預測式決策，並最終實現智慧型行銷的進化目標。

第八節　用 AI 與大數據優化決策與轉化率

AI 與大數據應用於工業品銷售的九大實踐方式

1. 智慧商機評分（AI Opportunity Scoring）

結合過往成交歷史、業務互動頻率、客戶類型與產品屬性，AI 可建立商機預測模型，評估其成交可能性，並動態標示為高、中、低機會等級，協助業務人員精準篩選與優先分配時間資源。

2. 報價策略模擬與價格彈性建議（AI-driven Pricing Simulation）

利用回歸模型與分群演算法，AI 可計算各客戶群對價格彈性與議價行為的反應，並根據邊際貢獻率自動推薦報價區間或彈性策略，例如區間折扣梯度與配套組合選項。

3. 客製化再行銷內容建議引擎（AI Content Recommender）

根據客戶過往點擊歷程、技術關注主題與產品使用歷程，自動生成最適合該客戶的內容行銷素材與傳遞順序，包括 EDM 主題、影片推薦、白皮書鏈接與案例介紹，強化個人化體驗。

◇第六章　系統化成交：建立工業品行銷作業流程

4. 潛在流失客戶預測與危機處理建議（Churn Prediction & Rescue）

綜合 CRM 資料與售後服務記錄，AI 可辨識如回購週期延後、詢價減少、故障次數升高等異常行為，提前警示潛在流失，並建議補救策略如客戶關懷拜訪、續約專案設計或技術升級方案。

5. 智慧業務排程與日程優化（AI-assisted Sales Routing）

綜合業務人員地點、客戶等級、訪談成功率與過去來訪頻率等參數，AI 可自動排定最具效率的拜訪順序與行程建議，大幅提升外勤效率與客戶觸及次數。

6. 異常偵測與即時預警儀表板（AI-based Anomaly Detection Dashboards）

搭配 BI 工具，透過時間序列分析監控訂單波動、成交率變異與部門績效異常，當指標超出常模即即時預警並提示可能風險區域，提升決策反應速度。

7. 客戶全景圖建構（Customer 360 View）

整合來自行銷活動、客服記錄、銷售表現、合約履約與技術支援等資料，AI 協助生成每位客戶的全景輪廓，包括關係強度、商機狀態與下一步建議行動。

8. 再銷售時間點預測（AI-based Repurchase Timing Prediction）

結合使用週期、維修紀錄與消耗品用量，AI 可預測再採購黃金時機，協助業務在適當時機主動接觸，提高再購成功率與客戶黏性。

9. 語意分析與需求挖掘（Natural Language Processing for Sales Intelligence）

透過 AI 自然語言處理，分析業務通話錄音、Email 對話或客服紀錄，挖掘潛在需求、反覆問題與競品資訊，回饋至行銷內容設計與產品開發方向。

導入 AI 與大數據的五大成功關鍵

1. 資料治理架構與持續清洗流程建置

建立清楚的資料分類、權限規範與異常檢核制度，避免垃圾資料影響模型精度，確保數據資產長期可用性。

2. 業務場景導向的模型共創流程

與一線使用者共創 AI 應用場景與模型設計，透過設身處地的工作坊與疊代驗證，提升實施率與現場接受度。

◇第六章　系統化成交：建立工業品行銷作業流程

3. 資訊可解釋性與人機協作介面設計

所有 AI 預測應附加信心區間、關鍵變因排名與情境模擬工具，並設計「建議＋備註」介面供決策者參考與覆核。

4. 導入教育訓練與內部顧問制度

建立 AI 數據素養課程，培養業務與行銷人員的解讀能力與應用意識，同時設置內部 AI 顧問小組，提供諮詢與導入支援。

5. 績效追蹤與模型持續調校制度

透過 A/B 測試與模型對照，定期檢視 AI 建議與實際成果差距，逐步優化模型與策略流程，形成滾動式績效進化機制。

小結：資料驅動下的工業品智慧行銷轉型藍圖

AI 與大數據在工業品行銷的導入，不只是技術進步的象徵，更是一種決策文化的革新。它促使企業從片段思維邁向整合思維，從憑經驗決策轉向依據資料洞察，從事後修正轉向事前預判。未來的工業品行銷強者，不是走得最快的，而是看得最遠、算得最準、動得最早者。AI 與大數據，正是企業打造這項能力的核心推進器。

第九節
案例：西門子銷售流程數位化重建

傳統工業巨擘的數位轉型動機

西門子（Siemens）作為全球工業自動化與數位製造領域的代表企業，擁有超過170年的歷史與遍布全球的產品線與服務體系。長期以來，其銷售模式以在地業務拜訪、客戶關係維繫與技術導入支援為主。然而，隨著數位經濟的崛起與客戶行為模式轉變，加上競爭對手快速部署AI與自動化工具，西門子意識到原有以人力為核心的銷售流程正面臨效率瓶頸、資訊斷層與規模複製困難等結構性挑戰。

西門子內部評估發現，傳統銷售流程面臨幾大問題：

◆ 第一，商機追蹤與客戶互動資料零散，無法即時串聯與標準化；
◆ 第二，報價與客戶需求判讀過度依賴資深業務經驗，缺乏視覺化決策依據；
◆ 第三，區域間流程落差大，缺乏可複製標準；
◆ 第四，數位行銷與再銷售機制不足，導致轉化與續約效率偏低。

◇第六章　系統化成交：建立工業品行銷作業流程

因此，自 2018 年起，西門子總部啟動一項名為「Digital Sales Enablement」的全球性數位銷售轉型計畫，涵蓋 CRM 統整、銷售 SOP 重建、AI 決策工具導入、業務資料標準化與組織文化再教育，目標是建立一個橫跨全球、能即時同步、智慧決策、可高度擴展的工業品銷售系統。

重建策略的五大核心工程

1. 全球 CRM 平臺整合與客戶資料治理

西門子將原本分布於不同國家與事業部的 CRM 資料整合至 Salesforce 平臺，並設立全球主客戶資料標準欄位，包括採購歷程、技術規格需求、決策人結構與過往議價紀錄，實現統一視圖。此舉讓跨區域合作與總部決策能即時連動，提升內部透明度與顧客洞見力。

2. 流程模組化設計與任務節點標準化

根據不同產品線（如電力控制、數位工廠、自動化設備等）定義最適銷售流程模組，每一流程節點皆包含責任角色、目標 KPI、時間週期與對應資料填報欄位。例如「需求確認」階段需完成技術訪談紀錄與初步解決方案架構書，進入「報價核準」階段前需上傳 AI 建議價格範圍與歷史案例比對報告。

3. AI 商機評分與動態報價引擎

西門子資料科學團隊運用機器學習建立成交機率模型，對每筆商機評分，並連結過去十年各國報價資料與客戶特性，自動生成「智慧報價建議區間」，提供業務人員依據價值定位彈性調整，兼顧速度與利潤。高階業務主管則可透過 AI 建議審查彈性報價，提升報價決策準確性。

4. 內容行銷整合與行為觸發推播機制

與行銷自動化平臺連結，系統可追蹤客戶互動歷程（例如開啟特定技術簡報、下載規格書、報名線上研討會），即時分析潛在需求，並將對應技術資料包自動推播至客戶端，或提醒對應業務主動回訪，實現 B2B 個性化互動流程。

5. 全員數位力再教育與持續改進文化建立

西門子投入資源建立內部數位學習平臺「Sales Academy」，設計分層學習路徑，包含數據素養、CRM 操作技巧、AI 洞察應用、流程回饋通報等課程，並將數位工具熟練度納入個人 KPI 與晉升標準，從制度面推動業務組織文化的數位轉型。

◇ 第六章　系統化成交：建立工業品行銷作業流程

實施成果與策略啟示

根據 2022 年西門子內部的全球銷售效益評估報告，自「Digital Sales Enablement」專案啟動三年內，取得以下具體成果：

- 商機平均成交週期由 87 天縮短至 67 天（縮短 23%）；
- 高潛力客戶轉化率由 31% 提升至 48%（成長 55%）；
- 客戶再採購週期平均縮短 15 天，再銷售轉化率提升 12%；
- 每位新進業務從入職到獨立運作平均時間由 9 個月降為 4 個月。

更重要的是，透過 CRM、AI 與自動化行銷的整合，西門子不僅提升了營運效率，也大幅強化了顧客體驗。全球多數客戶表示能更快速獲得所需資訊、業務回應更即時、報價更透明合理，NPS 淨推薦值在北美市場提升近 20 個百分點。

該計畫更帶來一項文化變革：過去以資深經驗為主體的決策模式，逐步轉向數據導向與合作決策架構，部門間的資料共享與知識回饋明顯增加，整體組織朝向更具機動性與學習型體質邁進。

第九節　案例：西門子銷售流程數位化重建

小結：從系統升級到組織進化的全方位轉型

西門子銷售流程數位重建的案例說明了，工業品企業的數位轉型不僅僅是科技導入或工具更換，而是一場從資料治理、流程標準化、AI 輔助決策到組織學習的系統性進化工程。對於正面對市場壓力與成長瓶頸的工業品牌而言，若能借鏡西門子的策略與方法，從流程入手、以數據為本、結合文化更新，即有機會打造出具韌性、可擴展、能持續創造客戶價值的數位行銷體系。

◇第六章 系統化成交：建立工業品行銷作業流程

第十節
案例：鴻海如何推進數位轉型與業務模組化

製造服務巨頭的業務數位轉型需求

鴻海科技集團（Foxconn）作為全球最大的電子製造服務供應商，長期承攬來自蘋果、戴爾、惠普等國際品牌的代工訂單，並逐步轉型為智慧製造與工業數位解決方案的提供者，涵蓋 OEM、ODM、JDM（Joint Design Manufacture）與 B2B 工業平臺模式。面對全球營運規模擴張、產品組合多元化與市場需求變動快速的挑戰，鴻海逐漸意識到：僅仰賴資深業務人員的經驗與直覺式銷售，難以支撐大規模、可重複的業務擴展。

為因應此變局，鴻海自 2020 年起全面推動數位轉型策略，透過系統平臺整合、流程標準化與數據驅動管理，提升整體營運效率與市場反應能力。

鴻海在全球營運中持續推動數位轉型與流程標準化，顯示出對業務模組化與組織韌性的重視。這些舉措有助於企業

在全球不斷變化的市場中保有穩定推進與快速調整的雙重能力，實現永續成長。

建構可複製業務體系的六大實務方向

鴻海在數位轉型與營運標準化推動過程中，已呈現出高度可複製與規模化管理的潛力。以下六項做法可視為鴻海在全球推動業務模組化與內部效率強化的關鍵實務方向：

1. 全流程 SOP 設計與模組化銷售框架建構

鴻海針對業務流程進行節點細化與標準化，涵蓋潛在客戶辨識、需求分析、技術簡報、報價設計、合約協議與售後支援等階段，並透過可調整的模組架構，適應不同產品線與地區市場，強化流程一致性與可重複性。

2. 業務知識管理與案例學習系統

透過 Salesforce 等平臺建置業務知識中樞，整合提案文件、技術資料、歷史案例與常見問答。新人可依產品、產業與客群條件搜尋對應案例進行話術學習，有效縮短學習曲線並加強組織記憶。

3. 數位系統整合與 AI 輔助分析

整合 CRM、ERP 與 BI 平臺,實現客戶互動紀錄、報價流程與績效資料的即時回饋。進一步導入 AI 模組分析商機潛力、預測價格範圍與需求熱點,支援業務決策與風險辨識。

4. 標準化訓練模組與彈性部署機制

建立線上課程、案例演練與跨部門教練制度,涵蓋通用銷售流程、技術應用與顧問式銷售技巧。完成內部認證後的人員可快速轉調至不同市場,實踐人力資源的模組化與彈性運用。

5. 績效儀表板與流程回饋機制

每位業務配置視覺化績效儀表板,即時監測 KPI 達成率、商機進度與轉換率。系統可提示異常變化與潛在瓶頸,並設有流程優化建議管道,促進前線回饋與持續改善。

6. 高潛市場先導測試與最佳實務擴散

優先於具成長潛力市場(如印度、墨西哥、越南、波蘭)導入流程模組與系統,測試在地適配性與作業可行性,並將成功經驗轉化為標準化模式,推展至其他區域據點,形成階段式推廣與集體進化的策略結構。

第十節　案例：鴻海如何推進數位轉型與業務模組化

成效衡量與內部營運邏輯的轉型

近年來，鴻海持續推動業務數位化與流程標準化，逐步建構具可複製性的業務作業體系，並陸續於多個國家據點展開初步導入。根據內部評估，該體系有助於提升新客戶開發效率、縮短報價流程週期，並改善新進業務人員的培訓與上手時間，整體營收貢獻與團隊合作效率皆呈正向發展趨勢。

此外，鴻海也從過去仰賴「個人經驗驅動」的作業模式，轉型為「系統平臺驅動邏輯」，業務管理逐漸由智慧系統推送取代人工指派，強化團隊合作處理模式。此一轉型亦促使內部組織架構重整，將傳統業務區塊改編為包含專案團隊、技術顧問、資料分析師與關鍵客戶經理（KAM）共同運作的協作體系，進一步提升客戶經營的深度與企業內部資源的整合效率。

小結：
業務模組化是組織韌性與擴張效率的關鍵基礎

鴻海在推動數位轉型與流程標準化的實務中，逐步展現出業務模組化的戰略潛力。透過流程節點細化、知識中樞建置、數位平台整合與訓練制度強化，企業得以在面對市場快速變化與多地同步擴張時，仍保有一致性與靈活性並存的執

◇第六章　系統化成交：建立工業品行銷作業流程

行力。這種以系統邏輯為基礎、可重複運行的業務作業模式，為組織帶來更高的適應力與內部協作效率，也為工業型企業實現永續成長與全球營運提供了可參考的實務典範。

第七章
未來布局：
工業品行銷的創新與演進

◇ 第七章　未來布局：工業品行銷的創新與演進

第一節
ESG 與綠色工業行銷的機會

永續發展已成為工業品競爭新準則

　　ESG（環境、社會與公司治理）不僅是全球經濟轉型的關鍵方向，也逐步成為工業品企業在全球市場競爭中的核心標準。永續發展已不再僅是企業附加的形象工程，而是牽動企業技術研發、品牌策略與供應鏈運作的根本驅動力。特別是在 B2B 領域，客戶對於「品牌可信度」與「解決方案的永續性」的關注程度快速提升。

　　根據《彭博商業週刊》2023 年統計，全球已有超過 72% 的跨國採購商明文要求供應商提供碳排揭露報告與社會影響績效文件，將 ESG 納入投標與合作門檻。此外，歐盟 CBAM 機制與美國 SEC 氣候揭露法案也已相繼上路，顯示政府政策正快速將 ESG 從自願轉為強制。這使得工業品企業無法再僅以低價競爭或功能導向滿足市場，而必須在綠色製造、社會責任與治理透明度上同步提升。

第一節　ESG 與綠色工業行銷的機會

ESG 導向的工業品行銷策略六大進化方向

1. 產品設計導入綠色價值主張

工業產品設計需從源頭就納入碳中和考量與資源閉環策略，運用可回收材料、模組化結構與智慧節能系統。例如具備能源監控功能的工業控制器、支援再生能源的電力轉換設備、採用水性塗料的零組件，皆可成為差異化的 ESG 行銷亮點。

2. 品牌故事結合永續敘事場景

行銷內容應從企業本位轉向社會場景，透過「客戶如何使用產品創造正向影響」為出發點，串聯企業 ESG 行動如太陽能工廠、再生資源計畫與偏鄉教育援助，讓品牌從單純功能傳遞提升為價值倡議者。

3. 供應鏈透明化與 ESG 認證整合策略

工業品企業應建立完整的供應商 ESG 資料庫，包含 ISO 14064、SA8000、RE100 承諾與工廠碳足跡，並主動與客戶共享其供應鏈永續地圖，降低採購風險。透過供應鏈碳盤查工具與智慧標籤（如數位產品護照 DPP）強化查核效率與信任連結。

◇第七章　未來布局：工業品行銷的創新與演進

4. 碳資訊數據化與客戶介面設計

將節能效益轉化為視覺化數據（如每小時碳減排 kg、使用壽命內總節電量），並提供「我的碳成效報告」介面，讓 B2B 客戶可下載專屬環境報告作為其 ESG 績效材料，同時強化雙方合作黏著度。

5. 內部跨部門 ESG 流程整合

ESG 不應由單一部門負責，而需與研發、生產、行銷、業務與售後全流程合作。企業可設計 ESG 任務矩陣，將碳排 KPI、客戶滿意度與供應商回應率納入部門年度目標，並定期由永續長（CSO）召開橫向協調會議。

6. 產業聯盟參與與政策倡議領導

積極參與區域與全球永續聯盟如 WBCSD、臺灣 ESG 聯盟或 SCI（Sustainable Competitiveness Initiative），不僅展現領導力，也能影響未來法規制定與標準趨勢，擴大品牌在政策對話與跨界合作中的影響力。

工業品企業實踐 ESG 的三種角色定位

1. 合規型供應商（Compliance Player）

達成政府與客戶規範所需，包括基本揭露、認證合格與法規遵循，是企業「不被剔除」的基本門票。

2. 倡議型品牌（Advocacy Leader）

主動提出永續方案、設定公開減碳目標、舉辦 ESG 主題論壇或技術分享，提升產業形象與客戶忠誠度。

3. 共創型夥伴（Co-creation Partner）

與客戶共同設計 ESG 導向的產品或服務，如共同進行減碳驗證、協力研發節能工藝、建立循環材料使用機制等，深化長期合作關係與策略連結。

小結：綠色競爭力是工業品品牌的未來基礎

在未來的工業品市場，產品與技術不再是唯一差異點，品牌對永續的承諾與實踐將成為合作門檻與價值放大的槓桿。ESG 不僅是一種成本壓力，更是一種創新驅動與市場重塑的機會。唯有把 ESG 轉化為行銷語言、品牌資產與銷售優勢，工業品企業才能真正從製造導向邁向價值導向，從供應者進化為夥伴角色，在綠色浪潮中成為引領者而非追隨者。

◇第七章 未來布局：工業品行銷的創新與演進

第二節
工業 4.0 時代的智慧行銷整合

工業 4.0 與行銷轉型的交匯點

工業 4.0 代表的是新一波以自動化、數據整合、機器學習與人機合作為核心的產業變革，對工業品企業而言，不僅重新定義了製造流程與供應鏈運作，也對行銷管理提出了全新挑戰與機會。在這個以資訊即時性、需求預測性與顧客體驗為重心的時代，傳統工業品行銷如展覽推廣、印刷型錄與被動銷售支持已顯不足。

工業 4.0 不僅要求製造系統的智慧化，也要求行銷策略的同步升級：從靜態轉為動態，從通用訊息轉為個人化互動，從產品導向轉為解決方案導向。智慧行銷（Smart Marketing）因此成為工業品品牌競爭力再造的關鍵推手。

智慧行銷整合的七大策略核心

1. 資料驅動的顧客洞見平臺建構

利用 CRM、MA（行銷自動化）、IoT 裝置資料與官網分析整合，建立以企業客戶為單位的數據視圖，分析其採購行為、常見痛點與決策節奏。進一步結合 DMP（Data Management Platform），透過機器學習標記潛在高值客戶，並設計預測型銷售劇本。

2. 跨平臺內容協作與動態溝通節奏設定

將內容行銷從靜態變為模組化，整合各平臺如 LinkedIn、YouTube、官網、EDM 與業務簡報，使素材可根據使用者行為調整傳送頻率與內容組合。系統能自動辨識高互動客戶並啟動業務通知，提高轉化效率。

3. AI 預測模型與銷售建議引擎導入

建立客戶旅程預測模型，結合歷史行為與即時回饋資料，預測客戶何時進入詢價階段、最適合的聯絡時間與可接受的議價幅度。銷售人員可從智慧儀表板獲得「下一步最佳行動建議」，提升跟進成功率。

4. 智慧型業務流程自動化與節點優化

將報價流程、文件簽署、樣品派送、會議邀請等工作透過工作流引擎（如 Power Automate、n8n）自動化，並在關鍵節點設定回報機制與時效提醒，協助業務團隊聚焦於價值溝通。

5. 工業 IoT 結合行銷即時回饋系統

將設備使用資訊如運轉時間、故障率與產能利用率即時串接至行銷後臺，根據客戶實際狀況主動提供升級建議、保養時機通知與解決方案推薦，讓行銷成為一種持續的售後價值交付。

6. 虛實融合的智慧體驗內容設計

導入互動型技術，如 AR 模擬導覽、線上 3D 產品配置器、數位雙生技術展示平臺（Digital Twin）等，提升技術複雜產品的可理解性與客戶參與度。

7. 智慧行銷績效追蹤與優化機制

利用 BI 工具每日追蹤點擊率、停留時間、CTA 轉換率與線索品質指數，透過 AB Test 與內容熱圖調整素材設計與傳送時段，實現行銷活動的滾動優化。

工業品企業邁向智慧行銷的實施建議

(1) 組織層級應設立「智慧行銷策略委員會」，跨部門整合產品、行銷、IT 與業務的行動策略；
(2) 建立「客戶數據中臺」，統一管理來自不同系統與接觸點的數據，提升分析效率與回應即時性；
(3) 與系統整合商合作導入智慧行銷套件，包含內容管理模組、商機追蹤儀表板與 AI 模型訓練服務；
(4) 對業務人員與行銷人員推動數據素養與自動化工具培訓，降低推動初期的技術落差與抗拒感。

小結：智慧行銷是工業 4.0 價值鏈的最後一哩

當製造流程已實現智慧化、供應鏈可即時追蹤時，若行銷策略仍停留在手動式、單點式與靜態內容層次，將造成整體價值鏈斷裂。智慧行銷不只是「推廣做得更好」，而是「讓價值更被感知、更早被理解、更快被接受」。

在工業 4.0 時代，唯有讓行銷與數據、AI 與互動深度結合，才能真正打通品牌、業務與服務的全鏈路，成就下一代具備學習能力與預測能力的工業品行銷新典範。

◇第七章　未來布局：工業品行銷的創新與演進

第三節
從製造導向轉向價值共創

製造邏輯的極限與行銷進化的催化劑

　　在傳統的工業品行銷系統中，企業長期依賴「製造導向」的邏輯來推動市場：即強調產品的技術優勢、參數性能與精密製造能力。這類方式在早期工業發展階段確實具有明顯效果，能快速突顯品牌的技術領先地位。然而，隨著市場成熟、產品趨同化、客戶知識提升，單純以技術推銷已逐漸失效。買方更在意的是「能否解決我的問題」、「能否為我創造價值」，因此，「製造導向」開始轉化為市場策略上的天花板。

　　這也讓工業品行銷進入一個新的世代：從內部驅動的產品銷售，轉向外部共構的價值創造。這不只是策略選擇，更是企業永續競爭力的必要演化。

價值共創：工業品行銷的新核心邏輯

　　「價值共創」強調企業與客戶之間的互動不是買賣關係，而是合作夥伴關係。企業提供的不只是設備與服務，而是參與客戶營運流程、提升其效率、協助其創造績效的整體解決方

案。這種行銷邏輯要求企業不只懂技術，更要懂客戶的商業模式與挑戰，並在每一個接觸點中與客戶共同構築價值鏈條。

實踐價值共創的七大策略模組

1. 以應用場景為中心的行銷重構

行銷內容從展示產品規格轉向聚焦真實應用場景，深入描述不同產業、不同職能的痛點與需求。例如：「如何協助 PCB 工廠降低 35％ 電費」、「協助汽車 Tier1 供應商縮短開模週期 20％」，讓客戶在案例中「看見自己」，產生共鳴與信任感。

2. 設計「共同開發」專案平臺與作業流程

建立標準化的共創作業流程，例如以 PM 模式營運共創專案，邀請客戶代表、研發工程師、產品經理與業務代表共組專案小組，從需求蒐集、概念設計到原型試做與功能驗證，全程透明化與同步合作。

3. 導入價值導向的銷售工具與培訓模組

開發 TCO 計算器（Total Cost of Ownership）、投資回收期模擬器、使用績效預測模型與效益視覺化簡報範本，並將這些工具納入業務人員的基礎訓練。讓每一位業務人員能從「價格對談」走向「效益對話」。

◇第七章　未來布局：工業品行銷的創新與演進

4. 重構夥伴生態系與多邊價值鏈整合

工業品品牌不再只是「單一設備供應商」，而是「產業整合者」，主動攜手供應商、顧問、系統整合商、IoT 平臺與金融機構，構築跨部門、一站式的共創聯盟。例如：「智慧工廠升級聯盟」、「碳排優化合作計畫」。

5. 導入「共創回饋循環」與共學機制

每一筆共創案結束後，企業應與客戶共同檢討整體專案的效益與流程瓶頸，形成改善報告並內部知識化，進一步優化服務流程。亦可邀請客戶參與未來新產品 Beta 測試，讓共創進化為共同研發社群。

6. 品牌語言與價值敘事重新定義

行銷語言應從「我們提供最高效率的設備」轉向「我們幫助客戶實現 30%的營運效率提升」。品牌故事要聚焦於「共創成功」與「實證效益」，讓行銷敘事從單向傳播走向雙向價值回饋。

7. 以數據支持的效益實踐追蹤平臺

導入工業 IoT 與商業智慧分析儀表板，於專案執行中即時記錄節能幅度、故障率改善、生產週期縮短等指標，並定期與客戶同步效益成果，發布共創白皮書與公開見證影片，建立社群聲響與社會影響力。

從「功能信任」邁向「價值認同」的品牌升級

在價值共創邏輯中,品牌不再僅是硬體的代名詞,而是一種信任載體與解決力的象徵。當企業能以客戶語言對話、以客戶指標衡量成功,品牌的角色將從產品提供者晉升為營運策略的共同創造者。此種升級,不僅擴大品牌影響力,也讓品牌對價格波動、競品模仿的抵抗力大幅增強。

小結:
共創是一種組織能力,也是一種未來競爭模型

從「我賣什麼」走向「我們能創造什麼」,正是工業品企業邁向未來的最佳起點。共創並非一次性合作案,而是一種可制度化、可模組化的長期關係框架。工業品行銷的下一階段,將不再只是說服,更是協作;不再只是技術展示,更是價值實踐。唯有真正導入共創思維的企業,才能在競爭日益激烈與市場需求多變的未來,建立不可取代的行銷優勢與永續合作網絡。

◇第七章　未來布局：工業品行銷的創新與演進

第四節
AI、IoT 在工業品行銷的應用實例

智慧技術導入帶來的行銷躍遷

AI（人工智慧）與 IoT（物聯網）正以前所未有的速度改變工業品企業的產品設計、製造流程與客戶互動方式。這兩大核心技術的結合，不僅推動工業 4.0 的製造邏輯，也重塑了行銷的價值傳遞機制與決策方式。從原本的被動服務，到主動預測；從廣撒訊息，到精準推薦；從單向告知，到互動共創，AI 與 IoT 正是實現這些轉變的關鍵驅動器。

AI 強調數據邏輯與演算法學習，IoT 則是裝置層的數據感知與回傳，兩者合力讓工業品企業在行銷上的視覺化、即時化與個人化程度大幅躍進。這不再只是行銷工具的進步，而是工業品牌整體策略與客戶體驗設計的升級。

第四節　AI、IoT 在工業品行銷的應用實例

AI 與 IoT 在工業行銷的五大應用場景

1. 預測性維護與主動式售後互動

　　工業設備透過 IoT 感測模組回傳實時使用數據（如震動、溫度、壓力），AI 模型進行異常辨識與預測維護分析，行銷部門依據這些警示資訊可設計出「預警式關懷行銷」機制。主動通知客戶安排保養時程、推薦原廠更換零組件，甚至提早預測可用年限並提供更新設備建議，塑造品牌專業形象並加強售後綁定。

2. 智慧內容推薦與個人化資訊推播

　　AI 系統可根據客戶的角色（採購、工程、維運）、歷史點擊行為、產品註冊資訊，進行分類演算與內容推薦。對工程師而言，可能會收到詳細技術白皮書；對採購主則是 TCO 與比較型報價表。這種精準內容投遞提高互動意願，也加速決策週期。

3. 動態報價與即時價值模擬工具

　　整合設備運行需求、環境參數與歷史價格數據，AI 可即時產生個案化報價建議，並透過圖表模擬節能幅度、預估生產效率提升、TCO 下降程度等效益。這種「即場預測＋效益對話」的能力，讓業務人員轉型為顧問式銷售者。

◇第七章　未來布局：工業品行銷的創新與演進

4. 智慧展場與互動體驗平臺

工業品往往難以在傳統靜態展場中展現複雜系統價值。IoT 與 AR/VR 結合可建立虛擬應用現場，例如展示智慧工廠模擬流程、產線故障快速應變、數據回傳即時反應，讓參觀者以身歷其境的方式理解技術內涵，創造深度印象。

5. 資料驅動的顧客關係深化與再銷售觸發

CRM 資料結合 IoT 數據，如設備使用頻率下降、保養頻率提升等訊號，AI 可自動判斷客戶是否進入再銷售時機，觸發業務進行拜訪建議、發送技術更新通知或啟動再行銷內容投遞，強化客戶生命週期管理與再營收機會。

案例分享：智慧壓縮系統的全流程行銷重構

某臺灣空壓系統製造商導入 IoT 模組監測出氣壓穩定性與耗電量，並藉由 AI 分析產生每月效率報告與耗能分級。行銷部門將此轉化為客戶的「節能成就報告卡」，不僅具可讀性，更能清楚標示出「本月節電達 15%、全年預估減碳 9 公噸」等效益。

此資料驅動行銷模式進一步推動兩項創新：其一是建立「智慧升級計畫」，依照不同效率區段提供模組化升級選項；其二是建立客戶間績效比較排行榜，激發品牌社群互動與升

第四節　AI、IoT 在工業品行銷的應用實例

級意願。該公司成功將升級轉換率提升至原本的 2.4 倍，並實現年交叉銷售成長 31%。

小結：技術驅動下的行銷策略重構

AI 與 IoT 不僅是技術部門的武器，更是行銷部門打破訊息同質化、擴大顧客接觸面與提升轉化率的最佳利器。未來的工業品行銷不再僅靠業務人員奔波與手動溝通，而是靠一套整合性的平臺，讓數據說話、讓演算法建議、讓設備參與品牌價值傳遞。

能夠成功整合 AI 與 IoT 的工業品企業，將不僅掌握行銷的即時性與精準性，更能在每一個產品觸點中實現價值放大，建立「從裝置到決策、從感知到信任」的智慧行銷閉環體系，真正走向以技術為本、以數據為核、以關係為本的行銷進化新世代。

◇第七章　未來布局：工業品行銷的創新與演進

第五節
精準行銷與客製化內容如何導入

工業品行銷從大眾傳播邁向精準溝通

　　過去，工業品企業的行銷多仰賴通訊錄式郵件推廣、產業展覽曝光與紙本型錄分發。然而，在資訊爆炸、決策鏈多層、競品資訊透明化的今天，企業面臨的挑戰不再是「資訊不足」，而是「訊息過載」。此時，誰能說對話、傳對內容、選對時機，就能有效拉近與客戶之間的心理距離，提升轉化率。

　　精準行銷（Precision Marketing）與客製化內容策略（Content Personalization），因此成為工業品行銷走出效能瓶頸的兩大核心策略。兩者皆以客戶資料為基礎，透過分析行為模式、角色職能、產業特性與需求階段，打造具備「針對性」、「適切性」與「時間性」的內容傳遞系統。

建立精準行銷的四大基礎工程

1. 客戶資料模型與名單分層策略

工業品行銷需建立以企業為單位的主客戶資料模型,除基本聯絡資訊外,應包含設備數量、安裝年限、採購偏好、預算週期與產品使用歷程等指標。進一步透過 AI 或機器學習模型進行 RFM 分析與客戶潛力預測,形成不同層級(高潛、高值、沉寂、即將流失)名單,針對性規劃行銷內容與頻率。

2. 接觸路徑旅程設計(Customer Journey Mapping)

工業品採購流程包含技術驗證、財務核准、法務審查與內部共識建立等多重關卡,不同角色的參與時間點與關注焦點皆不同。企業應結合角色分析與歷史案件回顧,設計出如「決策圈分層模型」或「角色接觸節奏圖」,以導引內容布局策略。例如:前期以技術文章鎖定工程端、中期以投資報酬簡報鎖定管理階層、後期以合約常見問題文件支援法務審閱。

3. 行銷自動化系統與觸發條件設定

精準行銷需要系統化執行,行銷自動化(MA)平臺是不可或缺的工具。企業可在系統中設定如「完成白皮書下載且三天內未開信者」啟動提醒簡訊、「點閱能源效益內容三次以上者」推送顧問預約邀請等條件,實現半自動式的客製互動,減輕人力壓力並增加應對速度。

4. 成效追蹤與內容 AB 測試機制

所有推送內容應綁定 UTM 參數與追蹤指標,配合 GA4、Hotjar 等行為分析工具,檢視點擊熱圖、停留時間與離開率,判斷內容表現。搭配多版本測試策略,針對標題、段落排序、色調與行動呼籲(CTA)文法進行微調,形成內容成效數據迴路,優化內容編輯準則與素材標準庫。

設計客製化內容的五種策略切入點

1. 產業導向內容模組化

將內容依據產業特性分類為模組,如醫療設備廠專屬案例、食品加工產線解決方案、重電產業節能專案,並於業務工具中建立「產業內容速查表」,可快速抓出對應素材。

2. 角色導向內容語言優化

同一產品對不同角色意義不同:對工程人員是效能穩定、對採購人員是性價比、對經營層則是績效提升。內容撰寫應以角色為主詞,說出他們的語言與視角,形成角色對應溝通模組。

3. 問題導向內容關聯建構

設計內容群組以解決問題為核心,例如「高耗能設備替代方案」、「生產線瓶頸排除策略」、「技術導入驗證六步驟」,並導引至對應的產品提案頁與解決服務頁,建構知識性導覽地圖。

4. 週期導向溝通節奏設計

依據設備生命週期與年度預算週期,設計推播內容時間表,例如年初釋出成本優化白皮書、年中推出系統升級建議、年底安排 KPI 檢討與報表協助,形成內容主題與時程對應的行銷行事曆。

5. 互動導向內容格式多元化

除靜態內容外,引入動態與工具型素材,如「線上儀器選型小幫手」、「五分鐘自診測驗」、「節能模擬計算器」,透過工具導引深化參與感,並將行為紀錄輸出為 CRM 線索。

小結:工業品內容行銷的「少即是多」策略

精準行銷與客製化內容的真正價值,不在於「多說」,而在於「說對」。這種策略的實踐要求企業跳脫「內容海灘」的迷思,轉而以「資料驅動、角色導向、旅程同步」的邏輯

◇第七章　未來布局：工業品行銷的創新與演進

設計每一條訊息的路徑與落點。透過數據為本、行為為準的行銷策略導入，企業將能在高複雜、高競爭的工業市場中，以更低的推廣成本換取更高的顧客認知、更快的成交節奏與更長的合作關係，真正實現內容行銷的價值最大化。

第六節
國際拓銷與本地化調整的平衡

全球布局下的在地對應挑戰

隨著工業品企業國際化進程加速，行銷團隊面對的挑戰不再只是語言翻譯或文化包裝這麼簡單，而是牽涉到整體策略思維的再設計。不同市場對於技術接受度、產品功能重視面向、商業談判文化與顧客決策過程有顯著差異。例如：德國客戶更重視標準驗證與產品工程細節，日本買家講求信任與穩健推進，印度與東南亞市場則對價格彈性與技術服務回應速度更加敏感。在這樣的環境下，單一策略複製已不具備效率，卻又不能完全放棄全球品牌的規格一致性與視覺辨識。

企業若無法建立一套兼容全球願景與在地實作的行銷機制，不僅會在當地失去文化連結與顧客共鳴，也可能導致品牌認知碎裂與溝通資源重工。因此，構築一個兼容一致與靈活的「雙軌國際行銷體系」成為現代工業品品牌的關鍵課題。

◇第七章　未來布局：工業品行銷的創新與演進

建立雙軌工業行銷系統的五大要素

1. 品牌核心訊息全球一致化

建立全球統一的品牌核心語彙（Global Messaging Framework），涵蓋願景、品牌故事、產品價值主張、品質承諾與技術實力，並設計視覺一致性手冊，確保即使在不同語境中傳遞訊息，依然維持品牌調性與辨識一致性。例如品牌廣告可有多版本語言，但標題架構與標語精神一致。

2. 在地化內容模組策略

將行銷素材視為「內容積木」，將通用模組（如技術說明、品牌故事、核心規格）與可調整模組（如產業案例、FAQ、使用者見證）拆解設計。當地團隊得以組裝適配當地市場的素材包，例如臺灣市場可強調本地成功案例、巴西市場則納入葡語操作手冊與政府法規符合說明。

3. 當地市場聲音機制與文化諮詢制度

設置「在地文化審核顧問」角色，專責監看品牌用語是否產生誤解或違反當地禁忌，並引入本地客戶反應分析機制，蒐集如「廣告語句是否生硬」、「技術詞彙是否習慣」等細節，作為年度品牌在地適配優化基礎。

4. 區域行銷授權機制與營運自治度設計

建立總部與區域之間的合作規則:如年度主題由總部規劃,但內容產出由當地行銷團隊執行;網站主架構統一,但活動頁、案例頁可在地自由設計;社群帳號允許地區風格調整但須回報月度成效指標。

5. 跨區域學習社群與最佳實務共享平臺

每季舉辦跨國行銷分享日,邀請各區成功個案說明其背後文化切入與顧客洞見邏輯,並建置行銷知識共享平臺(如全球案例資料庫、FAQ共創區、內容模組上傳平臺),鼓勵跨區行銷人員對素材提出優化與翻譯建議,形成全球行銷知識共學體系。

實例對比:全球品牌如何執行本地化

1. ABB 電機部門

以英文為母稿統一設計所有行銷型錄與應用資料頁,視覺統一,但內容模組設計容許各地區將首頁輪播替換為本地安裝實例與技術支援介紹,使當地客戶更有代入感與信任感。

2. 施耐德電機

為回應東南亞市場偏好即時回應與移動裝置溝通,在印尼與馬來西亞推出「WhatsApp 客服」與「LINE 報價功能」,同時保留全球產品編碼與保固規範,確保售後一致。

3. 研華科技

全球推動 WISE-PaaS 平臺統一品牌,但讓區域子公司依不同應用面向(如智慧工廠、智慧城市、智慧醫療)製作本地語系影片、現地案例訪談與使用者故事,讓每一區域都可活用全球資源進行在地轉譯與包裝。

小結:全球一致與本地適配並重的行銷哲學

在全球化與在地化並行的新工業時代,行銷早已不再是單向輸出與被動翻譯,而是一場需高度同理與靈活執行的多層次設計工程。唯有建立一套兼具結構性與彈性、策略性與實用性的雙軌行銷架構,工業品企業才能真正進入多元市場、跨越文化障礙、深化顧客關係。

這不僅關乎品牌訊息的傳遞效率,更關乎品牌信任的長期累積與國際競爭力的實質展現。

第七節
工業品新創如何突圍老牌市場

傳統主導市場的結構性壓力

　　工業品市場的競爭版圖長期由擁有雄厚技術底蘊與龐大資源網絡的老牌企業主導。這些企業不僅在技術研發上占據優勢，也在供應鏈、品牌信任、售後體系與政府專案標案上形成堅實壁壘，讓新進業者難以直接挑戰其地位。尤其在高進入門檻、高技術驗證門檻的 B2B 市場中，客戶多半傾向選擇熟悉、穩定且「不會犯錯」的供應商，這也讓創新者難以以單一產品創新就撼動市場結構。

　　然而，隨著數位化技術迅速普及、製造流程趨於智慧分散、以及使用者對效率與體驗的要求升高，新創企業迎來一波「非典型競爭窗口」。他們以敏捷、小規模、多樣化、高密度客戶溝通與可快速調整的營運架構，打破傳統供應商在流程、響應、客製與互動上的遲滯。

◇第七章　未來布局：工業品行銷的創新與演進

新創突圍的六大關鍵策略

1. 從利基市場切入再橫向擴張

　　新創應避開老牌企業盤據的主戰場，改以解決特定產業的細緻問題作為切入口。例如「遠距監控油壓系統的異常波動」、「智慧溫控在塑膠押出製程中的即時回應」等，這些尚未被大型系統商關注的小區塊，更易建構商業試點與取得早期見證客戶。

2. 以服務創新打破設備競爭格局

　　老牌企業強項在硬體，新創則可將「服務」變為主張核心，推動如「按使用計費」、「按效能收費」、「遠端 365 天監控支援」等新型商業模式，讓客戶感受到不只是買設備，而是獲得持續的系統價值與顧問服務。

3. 導入開放式平臺思維與模組設計邏輯

　　採取可整合他廠設備的開放架構設計，如支援 Modbus、OPC UA 等通訊協定，開放 API 與 SDK 予系統整合商。讓客戶不必更換原有生產鏈，只需增添模組即可獲得智慧化升級，從「替代」變為「增值」，降低導入障礙。

4. 強化資料驅動與即時回饋機制

將 IoT 數據即時化並圖像化，提供使用者每週效率報告、維護建議與風險預警，轉變為「有感服務」。若能透過數據介面直接與工程單位產生溝通與回饋迴路，將形成深層價值連結。

5. 以顧問導向銷售模型取代傳統業務驅動

新創應該培養解決問題的能力與用戶導向的談判思維，建立技術顧問團隊，輔以成本－效益分析工具、風險評估表、導入模擬流程圖等顧問級銷售工具，讓客戶看見導入後的績效成長潛力而非僅止於設備規格。

6. 設計品牌敘事與社群參與模型

新創企業最容易建立的是品牌故事與信念敘述。可透過影片、技術開發部落格、創辦人訪談與原型疊代記錄建立品牌的透明與誠信價值。再透過開源社群、LinkedIn 技術論壇、垂直產業媒體合作等方式，建構產業影響力。

◇ 第七章　未來布局：工業品行銷的創新與演進

臺灣案例：
某自動化新創如何擊穿鋼鐵業大客戶門檻

位於新竹的一家自動化控制新創團隊，專注於高溫設備熱管理的智慧模組。其突破點在於導入即時溫度分布視覺化技術與雲端異常預警平臺，且強調「不中斷生產流程即可升級」，解決傳統替換工序繁瑣問題。透過設計可套件化安裝方式與磁吸即裝型感測器，大幅縮短安裝時間。

同時該新創與工研院、中鋼技術部門合作進行現場測試，並取得公正機構發證的節能成效報告，搭配專屬節能績效模擬工具，進一步讓客戶得以在三分鐘內看到「投資回收期僅 8.5 個月」等指標，有效提高導入決策意願。三年內即打入五大鋼廠設備維護保固市場，實現年成長率 70％、業務回購率超過 85％的營運里程碑。

小結：
新創的價值不是挑戰老大，而是改寫邏輯

在競爭激烈的工業品市場，新創企業的角色不必也不應是挑戰老大，而是成為邏輯的重構者。以服務、體驗、靈活商模與數據價值為武器，發現老牌業者忽略的價值空白，重新詮釋「何謂價值供應者」的角色。唯有跳脫「我們也能做」

的模仿思維,轉而提出「只有我們能做」的問題解法,新創企業才能在有限資源下建立高影響、高辨識、高回購的市場立足點,實現策略性突破與長期成長動能。

◇第七章　未來布局：工業品行銷的創新與演進

第八節
案例：研華科技如何應用 AI 優化工業解決方案

研華科技的數位轉型起點

研華科技（Advantech）作為全球工業電腦與嵌入式系統領導品牌，近年不僅持續深耕硬體技術，也積極投入 AIoT（AI ＋ IoT）與智慧製造領域的整合應用。面對全球客戶由設備導向轉向資料驅動的營運模式，研華逐漸從產品供應者轉型為智慧解決方案的推動者。自 2017 年起，公司啟動多項數位轉型計畫，以 AI 演算法、感測器資料整合與邊緣運算為核心，推動以場域實作為依歸的數據轉譯工程，積極導入於全球合作製造據點與合作廠商中。

三大 AI 應用領域策略

1. AI 視覺應用導入智慧品檢

為解決傳統品檢程序依賴大量人力與主觀判斷問題，研華開發搭配高解析度工業相機的 AI 品檢模組，採用邊緣

運算與深度學習模型進行瑕疵辨識。此系統具備瑕疵自動分類、缺件偵測與學習優化能力。實際導入後，在電子、塑膠與醫療耗材製程中平均提高瑕疵辨識精準度達至98%以上，並將平均檢測週期縮短50%，減少過度檢修與品檢瓶頸。

2. AI預測性維護模型建構

透過WISE-PaaS平臺整合歷史維修紀錄、感測器資料（如震動、溫度、電流等）與即時產線資訊，研華打造出以AI預測演算法為核心的設備健康管理模組，能根據異常訊號與閾值進行預警並自動產生維修建議。該模組已在亞洲多家電機工廠、智慧物流中心與重工業產線中部署，使維護回應時間平均縮短35%，停機損失減少近三分之一。

3. 智慧工廠數據中臺與AI決策引擎整合

為協助多場域跨系統數據整合，研華推出專屬數據中臺架構，整合MES、生產紀錄、品保紀錄、能源監控與設備稼動資訊，再藉由AI模型推演產能最佳化與預測生產瓶頸。某精密加工客戶導入後，不僅設備利用率由64%提升至82%，同時節能效率提升12%，並導入AI模擬器進行派工與參數微調建議，成功建構智慧工廠基礎架構。

第七章　未來布局：工業品行銷的創新與演進

行銷與價值呈現方式的轉型

　　為了推動 AI 導入的市場理解度與接受度，研華同步進行行銷模式的重塑。首先，在內容策略上，改變以往技術參數為主的單向傳達，轉向以產業情境為核心，針對製造業、物流業、醫療業與能源管理等不同垂直產業設計情境模擬案例。

　　研華也積極建構動態內容體驗模式，例如將客戶成功案例轉化為「互動式故事地圖」，結合模擬數據與實際成效報告，讓客戶能在線上試算 AI 導入後的可能績效，包括節省成本、產能提升與維修預防效益。該公司亦與全球系統整合商共同推出「AI 效益試算工具」，可透過簡易問答輸入基本資料後，自動生成導入預期報告。

　　為建構信任基礎，研華啟動 AI 應用「實地驗證計畫」，邀請策略型客戶共同參與小規模試行，透過真實生產線導入與可量測 KPI 評估週期，使導入效益與實務開展形成正向循環。行銷團隊同步開發各種「產業導入藍圖」白皮書，並在技術論壇、線上工作坊中推動技術交流與經驗移轉，建立強大的技術教育與市場啟蒙能力。

　　此外，研華推動 AI Marketplace 策略，建立開放模組平臺，讓合作夥伴上架 AI 模組、資料模型與產業 API，實現

第八節　案例：研華科技如何應用 AI 優化工業解決方案

AI 應用的模組化與即插即用化，促成整體行銷系統的標準化與可複製性，也讓非 IT 背景的業務人員能快速操作並進行應用場景簡報與客製模擬提案。

小結：
從技術展演走向產業共創的智慧型行銷升級

　　研華科技的數位轉型不僅發生在產品線上，更深入其價值溝通與客戶共創系統中。AI 技術作為其升級引擎的同時，也改變其對市場的理解方式與顧客互動模式。從強調產品賣點轉為聚焦價值共創、從導入難度轉為應用可能、從單次交易轉向長期成效，研華的案例充分展現工業品品牌如何以 AI 為樞紐建立新世代行銷資產。這不僅是產品競爭的再定義，更是與客戶一同成長的策略布局實踐。

◇ 第七章　未來布局：工業品行銷的創新與演進

第九節
案例：上銀科技如何布局東協智慧自動化市場

上銀科技的東南亞策略轉型背景

　　上銀科技（HIWIN Technologies）為全球傳動控制與智慧自動化領域的指標企業，原本主要聚焦歐美與日本等成熟工業大國，憑藉其線性滑軌、滾珠螺桿與多軸系統等核心技術穩居市場領先地位。然而，隨著全球製造重心南移、供應鏈地緣重組，以及新興國家智慧製造政策推動（如 Thailand 4.0、Vietnam Make-in-Vietnam、Malaysia IR 4.0），東協市場浮現為未來十年全球製造升級的重要策略場域。

　　面對這一波結構性轉機，上銀自 2020 年起加速東協市場的策略部署，不再以「出口產品」為單一模式，而轉為結合 AI、IoT、智慧感測與機器人學習等多項自動化模組，透過在地合作、技術共創與智慧應用展示，推動品牌全面升級為「智慧製造導入夥伴」。此舉不僅開啟市場新局，也重塑其國際行銷架構與本地化策略思維。

第九節　案例：上銀科技如何布局東協智慧自動化市場

三大策略推進重點

1. 打造「技術即服務」的智慧應用中心網絡

上銀在泰國曼谷、越南胡志明市與河內設立 Smart Application Center，作為集研發、展示、試導入與技術教育於一體的多功能據點。這些中心內部配備多軸線性平臺、感測模組、AI 演算核心與邊緣控制器，客戶可攜帶自有樣品或製程數據進行模擬導入。透過現場模擬與快速原型驗證（Rapid Prototyping），大幅降低導入前的不確定性與信任障礙。

2. 導入 AI 驅動的智慧運動控制技術

傳統工廠導入自動化常受限於高昂調校成本與技術門檻，上銀透過整合 AI 學習演算法，使線性滑軌與伺服馬達可根據歷史運動軌跡、負載特性與速度變異，自主優化運動參數。並搭配即時回饋的自診斷模組，讓系統可預測故障、降低停機時間。該方案已應用於東協地區多家電子組裝、食品包裝與橡塑加工產線，平均提升產能 10%～18%。

3. 多語系分眾內容與文化共感式行銷設計

為克服東協市場語言與技術理解落差問題，上銀建立本地語系行銷編輯團隊，針對印尼語、越南語與泰文設計在地

◇ 第七章　未來布局：工業品行銷的創新與演進

化教材、影片與案例故事。透過共感式敘事手法，將高度抽象的自動化技術轉譯為貼近使用場景的故事線，例如：「如何協助泰國中型食品廠在三個月內達成 ISO 智慧製造審核」或「越南製鞋產線如何靠智慧感測減少 30％誤判率」。提升品牌可親性與內容可用性。

成效與後續擴展布局

透過上述策略實施，上銀在 2021 ～ 2023 年間於越南、泰國與馬來西亞市場實現平均年營收成長超過 26％，其中新增客戶比例達 58％，且 80％以上為首次接觸該品牌者。智慧應用中心年均參訪企業數超過 200 家，並成功推動超過百筆導入試點轉換為長期合約訂單。

同時，上銀也與當地大學與職業訓練機構（如 King Mongkut's Institute、Hanoi University of Industry）簽訂合作備忘錄，推動 AI 智慧自動化聯合實驗室與教師訓練計畫，不僅擴展品牌影響力，也確保未來人才來源穩定，實現產學共構與市場共育的長期策略。

2023 年，上銀更宣布設立位於馬來西亞檳城的區域研發中心，聚焦於 AI 協作機器人（AI Cobot）與能源效益模組開發，並同步啟動與馬來西亞數位經濟機構（MDEC）合

第九節　案例：上銀科技如何布局東協智慧自動化市場

作的「智慧工廠升級輔導計畫」，成為少數同時涉足產品研發、顧問導入與教育推廣的整合型國際品牌。

小結：從輸出產品走向在地共創的新市場邏輯

上銀科技在東協市場的布局策略，不僅是品牌地理版圖的延伸，更是一場行銷邏輯與市場角色的深度重構。從硬體輸出者轉為智慧製造共創平臺的角色，上銀展現出臺灣工業品企業如何結合產品、數據、教育與在地信任，以多層次策略深耕新興市場。

未來臺灣工業品牌若欲複製其經驗，應學習的不只是建點、設櫃與參展，而是如何設計一套「技術實踐、語言共感、價值共創、品牌在地」的策略邏輯。唯有如此，才能在東協這片變動快速、需求多樣的新工業版圖中，持續創造差異化價值與長期競爭優勢。

◇ 第七章　未來布局：工業品行銷的創新與演進

第十節
工業品行銷的下一波浪潮：
融合品牌、數據與永續

三股力量匯聚的新工業行銷局勢

邁入 2020 年代，工業品行銷的角色已從支援型功能，轉變為企業策略中不可或缺的核心資產。隨著企業面對多重變化壓力 —— B2B 客戶對數位體驗的需求升高、全球 ESG 永續規範全面上路，以及 AI、IoT、大數據等智慧技術迅速成長 —— 行銷必須從傳統的品牌塑造與產品推廣進化為跨部門、跨平臺的整合性價值運作系統。

這波變革不單只是技術升級，更是一種「邏輯融合」的全面轉型。品牌不再靠靜態形象建立信任，而是在每一個商業決策點與客戶互動節點中，持續交付一致且真實的價值；數據不再只是供內部優化的 KPI 工具，而是驅動個人化體驗與智慧判斷的行銷資源；永續也不再是外部壓力的回應，而是能被包裝、被量化、被販售的市場競爭籌碼。

第十節　工業品行銷的下一波浪潮：融合品牌、數據與永續

三大融合轉型的關鍵構面

1. 品牌即行動（Brand-as-Behavior）

　　工業品品牌若欲建立差異化優勢，必須擺脫品牌等同於「設計」、「標語」的舊思維，轉向以實際作為為核心的行銷設計。具體表現為：不只說明產品有多高效，而是主動公開產品導入後的數據績效；不只陳列公司使命，而是與客戶共創行動計畫書。企業可藉由 UGC（使用者生成內容）、現場導入實錄、品牌社群參與計畫，打造一個「能被驗證、能被體驗、能被傳播」的動態品牌系統。

2. 資料驅動行銷（Data-driven Storytelling）

　　工業品行銷未來的競爭力將來自於「誰能將數據說出好故事」。資料不再只是決策輔助工具，更是建立客戶信任的敘事材料。從設備回傳的即時稼動數據、故障偵測模型，到使用者行為追蹤資料，都可轉化為情境模擬、價值估算與最佳實務建議。行銷人員需具備基本資料素養，結合內容創作力，打造如：「你的產線升級 AI 控制後的 90 天財務預測報表」等可即用、可體驗、可分享的資料內容產品。

3. 永續價值前置（Sustainability-as-a-Service）

　　永續將不再只是品牌理念宣傳的一部分，而是被設計為「服務模式」與「價值模組」。例如，工業設備供應商可在產

◇第七章　未來布局：工業品行銷的創新與演進

品規格書中直接標示碳足跡、生態影響評分與回收可行性分析，並在提案書中內建「客戶年度減碳潛力模擬」與「符合 ISO 14064 報告模板輸出服務」。永續價值轉化為可銷售的服務形式，不僅符合政策與產業法規，更可主動創造商業價值新來源。

行銷組織的重組與職能演進

要實現融合品牌、數據與永續三軸的升級，行銷部門也必須進行內部重組與職能升級。未來的工業品行銷組織將包含：

1. 內容與資料共構小組（Content & Data Studio）

專責整合內部產線數據、產品效能分析與客戶需求，轉化為模組化、語境化的數據敘事內容。

2. ESG 整合設計小組（Sustainable Brand Lab）

與企業 ESG 策略小組合作，將永續績效視覺化、故事化，並落實至提案簡報、官網介面與參展行銷素材中。

3. 數位轉型介接小組（Digital Marketing Integration Team）

擔任 CRM 平臺、數據中臺、客戶數據平臺（CDP）與 AI 工具導入的關鍵協調者，確保行銷能主動參與企業數位

布局與轉型主軸的核心過程。

此外，行銷人員需具備跨職能思維與新能力：懂資料視覺化、理解碳足跡計算邏輯、熟悉 ChatGPT 等生成式 AI 輔助工具、可與 IT 與業務共用語言，方能在未來行銷場域中發揮策略驅動力。

小結：
打造融合力，就是打造下一個工業品牌的主導權

當品牌、數據與永續不再是三條分離軸線，而是組成一個有機策略體系的核心構面，工業品行銷也從支援者變成驅動者。真正成功的品牌，將不再只是銷售產品，更是定義市場價值的規則制定者、文化倡議者與策略共創者。

未來的工業品牌領導者，將不再問「我們的產品夠不夠強」，而是問「我們的價值夠不夠整合、夠不夠可證明、夠不夠能共創」。而這三問的答案，正藏在行銷部門的下一步布局中。

國家圖書館出版品預行編目資料

智慧行銷，製造未來：AI、永續與品牌策略如何改變工業品的市場邏輯 / 遠略智庫 著 . -- 第一版 . -- 臺北市：財經錢線文化事業有限公司，2025.07
面；　公分
POD 版
ISBN 978-626-408-318-8(平裝)
1.CST: 製造業 2.CST: 行銷管理
487　　　　　　　　　　114009015

智慧行銷，製造未來：AI、永續與品牌策略如何改變工業品的市場邏輯

作　　者：遠略智庫
發 行 人：黃振庭
出 版 者：財經錢線文化事業有限公司
發 行 者：崧燁文化事業有限公司
E - m a i l：sonbookservice@gmail.com
粉 絲 頁：https://www.facebook.com/sonbookss/
網　　址：https://sonbook.net/
地　　址：台北市中正區重慶南路一段 61 號 8 樓
8F., No.61, Sec. 1, Chongqing S. Rd., Zhongzheng Dist., Taipei City 100, Taiwan
電　　話：(02) 2370-3310　　傳　　真：(02) 2388-1990
印　　刷：京峯數位服務有限公司
律師顧問：廣華律師事務所 張珮琦律師

- 版權聲明

本書作者使用 AI 協作，若有其他相關權利及授權需求請與本公司聯繫。
未經書面許可，不可複製、發行。

定　　價：420 元
發行日期：2025 年 07 月第一版
◎本書以 POD 印製